序説

本書発刊にあたって

立命館大学　木股　雅章

　赤外線イメージセンサには、非冷却赤外線イメージセンサと量子型赤外線イメージセンサがある。いずれも防衛技術として研究開発がスタートしたが、特に非冷却赤外線イメージセンサでは急速に民需展開が進んでおり、画素ピッチは10μmまで縮小され、フルハイビジョンの素子も報告されている。高性能化と並行して低コスト化も進んでおり、QVGA以下の解像度の非冷却赤外線カメラは10万円以下で入手できるようになった。赤外線カメラ半製品であるカメラコアの販売がスタートしており、赤外線カメラ技術の経験のない企業が赤外線イメージング市場に容易に参入できるようになってきた。こうした状況を踏まえて、株式会社テクノ・システム・リサーチでは、現在100万台程度の非冷却赤外線カメラ市場規模が、車載赤外線ナイトビジョンシステムとスマートフォン用赤外線カメラなどの新市場の急増により、2025年には650万台まで拡大すると予測している[1]。こうした赤外線イメージング市場の拡大には、非冷却赤外線イメージセンサ技術の進歩だけでなく、赤外線レンズ技術と真空パッケージング技術の進歩が不可欠である。

　サーマルイメージングに用いられる長波長赤外と中間波長赤外の波長域用の量子型赤外線イメージセンサの応用は、依然として防衛・宇宙システムが中心であるが、民需分野でも高速現象の赤外線イメージング、非破壊検査、ガス漏れ検知など非冷却赤外線イメージセンサでは実現が難しい応用分野で活用されている。量子型赤外線イメージセンサとしては、短波用赤外対応の素子が開発されている。短波長赤外線イメージセンサの用途は、長波長赤外や中間波長赤外の波長域用のイメージセンサとは異なるが、製品検査など色々な応用が検討されている。量子型赤外線イメージセンサの最近の注目すべき技術としては、1つの素子上に検出波長が異なる複数種類の画素を集積化する多波長赤外線イメージセンサ技術、検出器の高温動作を可能にするHOT（High Operating Temperature）技術、量子構造を利用して高性能の冷却赤外線イメージセンサを実現するQSIP（Quantum Structure Infrared Photodetector）技術などがある。

　赤外線アレイセンサは、非冷却赤外線イメージセンサと同じMEMS（微小電気機械システム）技術で製造する非イメージングデバイスで、家電製品など搭載可能なコストを実現して、ローエンド赤外線センシング市場が拡大することを目指して開発されている。赤外線アレイセンサは、シリコンLSI製造ラインで製造できるサーモパイルを温度センサに用いたものが一般的である。株式会社テクノ・システム・リサーチによると、現在140万個程度の赤外線アレイセンサの市場が2025年には370万個に拡大すると期待されている。

　本書は、非冷却赤外線イメージセンサと量子型赤外線イメージセンサを用いた赤外線イメージングと赤外線アレイセンサを用いた赤外線センシングに関わるセンサ／部品、カメラ、応用システムの最新の技術動向を紹介するために企画したもので、皆様のビジネスの一助になれば幸いである。

参考文献

1) 2015-2016年版 非冷却赤外線イメージング市場のマーケット分析（株式会社テクノ・システム・リサーチ, 2016）

赤外線イメージング＆センシング
～センサ・部品から応用システムまで～
CONTENTS

■ P.1　**序説　本書発刊にあたって**　立命館大学／木股雅章

赤外線イメージセンサ

■ P.11
SOIダイオード方式非冷却赤外線イメージセンサ
三菱電機株式会社 先端技術総合研究所／藤澤大介

■ P.18
QWIP/QDIPを用いた2波長赤外線イメージセンサ
防衛装備庁／土志田　実

■ P.24
SCD社の赤外線イメージセンサ技術
株式会社アイ・アール・システム／山崎博之

赤外線アレイセンサ

■ P.31
PythPitsシリーズ サーモパイル型赤外線アレイセンサモジュールの概要
セイコーNPC株式会社／河西宏之

■ P.40
革新的な赤外線温度センサの紹介
Melexis Japan Technical Research Center／Daniel Tefera

■ P.35
人の在不在、位置、人数の検知に加え、放射温度、照度もセンシング可能 スマートビルディングを実現するサーモパイル型人感センサ
オムロン株式会社／戸谷浩巳

赤外線カメラ／赤外線応用

■ P.47
赤外線カメラ性能およびカメラの紹介について
株式会社ビジョンセンシング／水戸康生

■ P.58
車載用遠赤外線カメラシステム
株式会社JVCケンウッド／横井　暁 ほか

■ P.53
FLIR社製世界最小 VGA遠赤外線センサ「Boson 640」
フリアーシステムズジャパン株式会社／花﨑勝彦

■ P.64
遠赤外線カメラとディープラーニングを応用し新たなマーケット開拓
BAE Systems／鈴木久之

■ P.70
機能アップした
赤外線サーモグラフィとその応用
株式会社チノー／清水孝雄

■ P.84
ハイエンド冷却型
赤外線サーモグラフィと適応事例
株式会社ケン・オートメーション／矢尾板達也

■ P.76
赤外線サーモグラフィのアプリケーションへの対応と
センサの波長特性ならびに画像処理技術の応用
日本アビオニクス株式会社／木村彰一 ほか

レンズパッケージ

■ P.93
遠赤外線向け光学材料と
カルコゲナイドガラスGASIR®
ユミコアジャパン株式会社／安田 傑

■ P.116
赤外線コーティング技術
日本真空光学株式会社／加賀嗣朗 ほか

■ P.101
遠赤外線レンズ用材料について
株式会社シリコンテクノロジー／迫 龍太

■ P.120
プラスチック材料を用いた赤外線用
透過レンズと反射光学系
ナルックス株式会社／田邉靖弘

■ P.105
遠赤外線カメラ用ZnSレンズ
住友電気工業株式会社

■ P.125
大型ミラーの製造一課題
Ophir Optics／Nissim Asida ほか

■ P.111
赤外線レンズについて
京セラオプテック株式会社／武井正一

■ P.131
高真空パッケージング技術
京セラ株式会社／森 隆二

製品紹介

■ P.136〜

● USB3.0/2.0 InGaAs/CMOS/
近赤外線カメラシリーズ
株式会社アートレイ

● 130万画素マルチスペクトルカメラ
クロニクス株式会社

● OEM用SWIRカメラ・モジュール
「SWIR imager」
株式会社アイ・アール・システム

● Allied Vision社製ハイスピードInGaAsカメラ
Goldeye G/CL-033 TECLESS
デルフトハイテック株式会社

● 非破壊撮影による対象物の分光分析を可能にする
ハイパースペクトルカメラ「AHS-U20MIR」
株式会社アバールデータ

● 1,200nm対応ブラックシリコン冷却
CMOSカメラ「CS-64NIR」
ビットラン株式会社

● 組み込みに最適な小型サーモグラフィ
「Xi80/Xi400シリーズ」
株式会社アルゴ

● 超高速遠赤外ビジョンパンチルトシステム
「RobotEye RELW60」
株式会社ビュープラス

● 赤外線用レンズ
京セラオプテック株式会社

● 赤外線レンズ用MTF測定装置
「YY-300」シリーズ
株式会社ユーカリ光学研究所

YUCALY

商品企画から設計・試作まで一貫作業
先端技術へのあくなき挑戦

宇宙航空研究開発機構（JAXA）と共同開発
雷観測衛星（GLIMS）搭載光学系

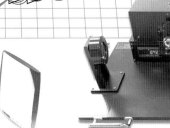
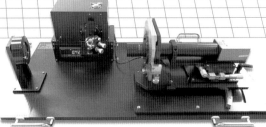

赤外線レンズ用MTF測定装置

凸レンズ1枚から衛星搭載用光学系まで幅広く対応します。

商品開発から設計、試作まで一貫作業にて承ります。皆様の立場に立ってソリューションを提供し、多くの経験から迅速な見積りと試作開発を実現します。

主な業務
- 商品企画から設計、試作、評価、特許出願まで一貫作業として受注できます。
- 少量商品の量産
- 光学系に限らず機構、エレクトニクスを含めて提供します。

主な対象分野
- 光学測定機器
- 赤外線光学装置
- レーザー応用光学装置
- 医療用光学装置
- 宇宙関連光学機器
- 特殊機器光学装置

実績の一例
- レーザー照射による蛍光分光光学装置
- 人工衛星搭載地球センサー赤外光学装置
- 各種赤外線カメラ光学部分
- 微小点分光輝度測定装置
- 赤外線用オプチカルベンチ（光学測定台）
- 長距離エアロゾル（AEROSOL）測定光学装置

光学機器システム開発専門

株式会社 ユーカリ光学研究所

〒173-0004 東京都板橋区板橋 2-64-10 新生ビル5階　TEL：03-3964-6065　FAX：03-3961-4626
E-mail：yyabura@nifty.com　t.abura@nifty.com　URL：http://yucaly.com

アバールデータの画像製品

アバールデータの近赤外線カメラシリーズ

- ABA-001IR：InGaAs QVGA エリアカメラ　950 - 1700
- ABA-003IR：InGaAs VGA エリアカメラ　950 - 1700
- ABA-U20MIR：InGaAs 192×96 画素 エリアカメラ　1300 - 2150
- ABL-005IR：InGaAs 512 画素 ラインカメラ　950 - 1700
- ABL-005WIR：InGaAs 512 画素 ラインカメラ　900 - 2550
- ABL-005MIR：InGaAs 512 画素 ラインカメラ　1100 - 1900
- AHS-U20MIR：ハイパースペクトルカメラ　1300 - 2150

780nm　1000nm　1500nm　2000nm　2500nm

X線	紫外線	可視光	近赤外線	中赤外線	遠赤外線
10pm	10nm	380nm　780nm	2.5um	8.0um	0.1mm

カメラ撮像例

AVAL DATA CORPORATION

株式会社アバールデータ 〒194-0023 東京都町田市旭町1-25-10

 お問い合わせ先電話 本社：042-732-1030
 お問い合わせ先FAX 本社：042-732-1032
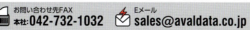 Eメール sales@avaldata.co.jp
 ホームページ http://www.avaldata.co.jp

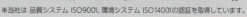

※当社は 品質システム ISO9001、環境システム ISO14001の認証を取得しています。

東証JASDAQ上場
証券コード6918

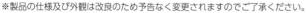

※製品の仕様及び外観は改良のため予告なく変更されますのでご了承ください。
※広告で使用されている会社名及び製品名等の固有名詞は各社の商標及び登録商標です。

京セラオプテックの
赤外線レンズ製品

●赤外線レンズ（単体製品）

○ **本製品群はλ＝7～14μmという遠赤外線領域に用いられるレンズである。**
現在の用途は、人間（動物）や熱を発する機器の非接触温度計測であり、これから拡大する自動車の安全走行にも用いられる。

○ **小口径シリコンレンズ（φ3～10mm）は生産実績高く、国内トップシェア（推定）。**
拡大している赤外線多画素センサ用として、専用コーティング付きレンズも出荷開始。
高画素化と共に、様々な用途への適用を狙うためには広角化が必要。
独自設計手法による、お客様の用途に最適なレンズ形状の提案が好評であり、製品化を行っていく。

○ **高性能なレンズに採用される、ゲルマニュウムレンズの製造も得意。**
小口径レンズ（φ10mm）～中口径レンズ（φ40～60mm）の実績豊富。
写真に示すとおりφ200mmの大口径レンズの製造も可能であり、夜間監視などで用いられる高性能カメラ等への適用が可能。

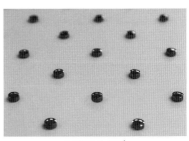
シリコンレンズ

ゲルマニュウムレンズ

●赤外線レンズユニット
（ピント合わせ鏡筒を含む組立完成品）

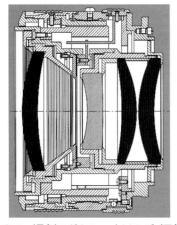
シリコン（黒色）＋ゲルマニュウムレンズ（灰色）

○ **複数枚レンズを組み合わせた、高性能な赤外線レンズユニット（組立完成品）の量産を実施。**
シリコンとゲルマニュウムレンズの組合せによる生産実績あり。
異なる赤外線材料を用いる事で、価格と性能のバランスを取ることを可能としている。

○ **遠赤外線用の光学評価・測定機が充実**しており、波長7～14μmでのレンズの透過率やMTF測定が行える。お客様の希望する用途に対し、細やかな技術対応を行える事が強みである。

○ **その他　新材料であるカルコゲナイドガラスを用いた成形試作を**行っており、中期的には、性能を維持しつつ大幅なコストダウンを行えるよう技術開発に取り組んでいる。

京セラオプテック株式会社

〒140-0002　東京都品川区東品川3-32-42
TEL.03-6364-5577　　FAX.03-6364-5578
http://www.kyocera-optec.jp/

BITRAN

近赤外線対応

冷却カメラ

"だから" 低ノイズ
"なのに" 低価格

紫外・X線用もラインナップ
評価貸出実施中

ビットランは日本国内で自社による開発・製造を行っており1995年の開発当初以来より培われた技術であるセンサの封し技術や製造技術により確かで信頼ある製品を提供します。

ブラックシリコン 冷却CMOSカメラ 400～1200nm

- 12bit 43fps
- 92万画素（1/2型）
- USB3.0/BPU-30[※1]
  Matrox社フレームグラバ通信[※2]
- SDKにより組み込み用途にも対応可能
- 冷却温度：外気温-30～40℃

※1：オプションの画像記録用インターフェースです
※2：電源ONと同時に冷却・撮影が開始されるフリーランニング動作対応

樹脂やSiウェハの透過撮影が可能

¥380,000 (税別)

InGaAs 冷却InGaAsカメラ 950～1700nm

- 16bit 250fps USB3.0接続
- 1.6万画素（1/7型）
- 1024枚の内部ストレージが可能
- 画像データを表や3Dグラフ表示
- サンプル付きSDKで簡単に開発
- 冷却温度：外気温-20～30℃

水分の測定や放射熱の撮影が可能

¥598,000 (税別)

ビットラン株式会社

〒361-0056 埼玉県行田市持田2213
TEL.048-554-7471（代） FAX.048-556-9591
URL http://www.bitran.co.jp　E-mail ccd-service1@bitran.co.jp

赤外線検出器／カメラ／レンズ

赤外線検出器

世界最高クラスの感度を持ったSCD社製の赤外線検出器。SWIR～LWIRまでをカバーし、高画素、デジタルROIC、小型HOT検出器など豊富な選択肢があります。カメラモジュール(NTSC、CameraLink出力)も選択可能。ITARフリー。

SWIR検出器　InGaAs
- 画素数　　：　640×512　15μmピッチ
　　　　　　　　1280x1024　10μmピッチ
- 波長　　　：　0.9-1.8μm or 0.4-1.8μm
- ROICノイズ：　high:40e(CDS)、low:180e
- フレームレート：　350Hz @ 13bit分解能 @ VGA
- その他　　：　カメラモジュール選択可能なものあり

MWIR冷却式デジタル検出器　InSb
- 画素数　　：　640×512、1280x1024　15μmピッチ
　　　　　　　　1280 x 1024、1920x1536　10μmピッチ
- 波長　　　：　3.6-4.9μm、1.0-5.2μm
- NETD　　 ：　20mK
- フレームレート：　350Hz(VGA)
　　　　　　　　100Hz(SXGA)、90Hz(HD)
- その他　　：　カメラモジュール選択可能

MWIR冷却式HOTデジタル検出器　XBn
- 画素数　　：　640×512、1280x1024 15μmピッチ
　　　　　　　　1280 x 1024　10μmピッチ
- 波長　　　：　3.6-4.2μm
- NETD　　 ：　23mK
- 冷却温度　：　150K (XBn技術)
- フレームレート：　350Hz(VGA)、100Hz(SXGA)
- その他　　：　カメラモジュール選択可能なものあり

LWIR冷却式デジタル検出器　T2SL
- 画素数　　：　640×512, 15μmピッチ
- 波長　　　：　8.0-9.5μm
- NETD　　 ：　15mK
- フレームレート：　350Hz(VGA)

LWIR非冷却式ボロメータ検出器　VOXI
- 画素数　　：　640×480　17μmピッチ
- 波長　　　：　8-12μm（WB:3-12μm）
- NETD　　 ：　35mK (HSタイプ)
- 特長　　　：　NUCレス、TECレス

赤外線カメラ

SCD社の高感度検出器を採用しSWIR～LWIRまでをカバーした赤外線カメラ・システム。様々なズームレンズとの組合せが可能。

ズーム付きSWIRカメラ

ズーム付きMWIR冷却カメラ

ズーム付きMWIR HOT冷却モジュール

超望遠ズーム付きMWIR冷却カメラ

ズーム付きLWIR非冷却カメラ

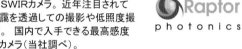

SCD社の超高感度InGaAs検出器を採用した高感度SWIRカメラ。近年注目されている煙や靄を透過しての撮影や低照度撮影に最適。国内で入手できる最高感度のSWIRカメラ(当社調べ)。

OWL-640	OWL-1280	NINOX-1280
640x512, 15umピッチ	1280x1024, 15umピッチ	1280x1024　天文用

靄の影響を低減：対岸の見え方に大差あり

 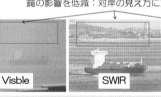 

Visible　　SWIR　　LWIR

赤外線カメラレンズ

世界中の優れた赤外線カメラレンズをそろえ、顧客のニーズに合った製品を提案致します。

SWIR/MWIR/LWIR　　　　　　　　　　　　　　　　　　　　　　　　**冷却/非冷却**

株式会社アイ・アール・システム

〒206-0041　東京都多摩市愛宕4-6-20
TEL：042-400-0373　FAX：042-400-0374
office@irsystem.com　www.irsystem.com

InGaAsカメラ USB2.0 USB3.0

検出波長帯域 900〜1700nm

900〜1700nmの近赤外領域に高い感度を有するInGaAsイメージセンサを採用した近赤外線カメラです。

≪VBS出力≫ ≪国内生産≫

ARTCAM-032TNIR
ARTCAM-009TNIR
オプション【CLink】

ARTCAM-008TNIR
ARTCAM-0016TNIR
オプション【GigE】

ARTCAM-031TNIR

型番	センサメーカー	画素数	検出波長帯域(nm)	シャッタタイプ	出力画素数	有効撮像面積(mm)	画素サイズ(μm)	レンズマウント	フレームレート(fps)	シャッタスピード(秒)	A/D分解能
ARTCAM-032TNIR	浜松ホトニクス	32万	950〜1700	グローバル	640(H)×512(V)	12.8(H)×10.24(V)	20(H)×20(V)	Cマウント	62	1/1000000〜1	14bit
ARTCAM-031TNIR	海外	32万	900〜1700	グローバル	640(H)×512(V)	16.0(H)×12.8(V)	25(H)×25(V)	Cマウント	27	1/1833333〜4.408	12bit
ARTCAM-009TNIR	浜松ホトニクス	8万	950〜1700	グローバル	320(H)×256(V)	6.4(H)×5.12(V)	20(H)×20(V)	Cマウント	228	1/1000000〜1	14bit
ARTCAM-008TNIR	海外	8万	900〜1700	グローバル	320(H)×256(V)	9.6(H)×7.68(V)	30(H)×30(V)	Cマウント	90	1/25706〜1.27	14bit
ARTCAM-0016TNIR	浜松ホトニクス	1.6万	950〜1700	グローバル	128(H)×128(V)	2.6(H)×2.6(V)	20(H)×20(V)	Cマウント	258	1/1000000〜0.013	14bit

最大画素数1024画素 — 浜松ホトニクス製 ラインセンサInGaAsカメラ USB3.0

高速データレート：5〜6.67MHzMax.

型番	冷却	画素数	画素サイズ	画素ピッチ	レンズマウント
ARTCAM-L512TNIR	常温型	512画素	25×25μm	25μm	Cマウント
ARTCAM-L256TNIR	常温型	256画素	50×50μm	50μm	Cマウント
ARTCAM-L1024DTNIR	非冷却	1024画素	25×100μm	25μm	Fマウント
ARTCAM-L1024DBTNIR	非冷却	1024画素	25×25μm	25μm	Fマウント

USB接続 紫外線カメラ

紫外線(UV)照明との組み合わせにより、可視光帯域では認識しづらい、物体の表面のキズ、しみ、むら等を映し出します。

USB3.0 Camera Link 200〜1050nm 新製品 400万画素 CMOS

* センサタイプ ： CMOS
* シャッタタイプ ： ローリング
* 画素サイズ ： 6.5μm
* フレームレート ： 45fps
* 有効撮像面積 ： 2048(H)×2048(V)
* インタフェイス ： USB3.0・Camera Link
* 光学サイズ ： 1型
* A/D分解能 ： 12bit

ARTCAM-2020UV

USB2.0 200〜1100nm 新製品 130万画素 CMOS

* センサタイプ ： CMOS
* シャッタタイプ ： ローリング
* 画素サイズ ： 10μm
* フレームレート ： 28.5fps
* 有効撮像面積 ： 1280(H)×1024(V)
* インタフェイス ： USB2.0
* 光学サイズ ： 1型
* A/D分解能 ： 12bit

ARTCAM-130UV-WOM

USB2.0 200〜900nm 150万画素 CCD

* センサタイプ ： CCD
* シャッタタイプ ： グローバル
* 画素サイズ ： 4.65μm
* フレームレート ： 12fps
* 有効撮像面積 ： 1360(H)×1024(V)
* インタフェイス ： USB2.0
* 光学サイズ ： 1/2型
* A/D分解能 ： 10bit

ARTCAM-407UV-WOM

InGaAs/GaAsSbカメラ

近赤外線の広波長帯域に感度を有するInGaAs/GaAsSb（インジウムガリウムヒ素アンチモン）センサカメラです。

住友電工製センサ使用！

Camera Link

ARTCAM-2350SWIR 検出波長帯域 1000〜2350nm
ARTCAM-2500SWIR 検出波長帯域 1000〜2500nm

型番	ARTCAM-2350SWIR	ARTCAM-2500SWIR
検出波長帯域	1000nm〜2350nm	1000nm〜2500nm
有効画素数	320(H)×256(V)	
画素サイズ	30(H)×30(V)	
有効撮像面積	9.6(H)×7.68(V)mm	
インターフェイス	Camera Link	
フレームレート	320fps	
受光素子冷却方式	4段電子冷却(-75度)	
A/D分解能	16bit	
電源電圧	DC24V（電源ユニット付属）	
レンズマウント	Cマウント	
外形寸法	90(W)×170(H)×110(D)mm	
重量	約2500g	

ミニカメラシリーズ

USB出力 ARTCAM-0204MINI-USB
NTSC対応 ARTCAM-0204MINI-NTSC

カメラヘッド外形：φ2.0×4.5mm

防水規格：IP67（カメラヘッドのみ） CMOS

* 有効画素数 ： 400(H)×400(V) 16万画素
* 電源 ： DC3.6V±0.1V(NTSC出力) 〜 DC5V±10%(USB出力)
* 消費電力 ： 215mA±10mA(NTSC出力ボード) / 130mA±10mA(USB出力ボード)
* 光学サイズ ： 1/18″
* フレームレート ： 30fps
* S/N比 ： 34dB
* ダイナミックレンジ ： 67dB
* ゲイン ： 自動調節
* FOV ： 120°
* DOF ： 3mm〜∞
* F値 ： F5.0
* カラー方式 ： CMOSカラー方式

16万画素 NEW!

株式会社アートレイ ARTRAY

〒166-0002 東京都杉並区高円寺北1-17-5 上野ビル4F
TEL：03-3389-5488　FAX：03-3389-5486
E-mail：artray@artray.co.jp　URL：www.artray.co.jp

ISO9001:2008 認証番号 44 100 16 82 0167

・ARTCAMはARTRAYの登録商標です。・製品の仕様は、改良その他により予告無く変更になる場合がございますのでご了承下さい。

赤外線イメージング&センシング
～センサ・部品から応用システムまで～

赤外線イメージセンサ

○SOIダイオード方式非冷却
　赤外線イメージセンサ
　　　三菱電機株式会社 先端技術総合研究所／藤澤大介

○QWIP/QDIPを用いた
　2波長赤外線イメージセンサ
　　　防衛装備庁／土志田　実

○SCD社の赤外線イメージセンサ技術
　　　株式会社アイ・アール・システム／山崎博之

赤外線イメージセンサ

SOIダイオード方式非冷却赤外線イメージセンサ

三菱電機株式会社 先端技術総合研究所
藤澤大介

非冷却赤外線イメージセンサは、シリコン基板上に断熱構造を有する画素を2次元アレイとして形成したものであり、赤外線を吸収する吸収体と温度センサから構成された温度検知部で、赤外線の入射により発生する微小な温度変化を検知する。われわれが開発を行う非冷却赤外線イメージセンサは、SOI（Silicon on insulator）ダイオード方式という方式を採用している。この方式は、温度センサ部にシリコン単結晶からなるダイオードを使用しており、感度均一性が優れた特徴を有している。

はじめに

非冷却赤外線イメージセンサは、Si-LSI技術とマイクロマシニング技術が融合した代表的なセンサであり、近年の非冷却赤外線イメージセンサ性能は、マイクロマシニング技術の発展によって着実に向上している。

非冷却赤外線イメージセンサにはいくつかの方式があるが、われわれは、温度センサとしてSOI（Silicon On Insulator）層に形成した単結晶Siダイオードを用いるSOIダイオード方式を提案し、開発してきた[1~9]。この方式は、温度センサ部にSi単結晶でできたダイオードを使用しており、抵抗ボロメータ方式に比べ、画面内感度均一性が優れた特徴を有している。非冷却赤外線イメージセンサに対する要求には、低コスト化に寄与する画素サイズ縮小や高解像度の撮像を目的とした多画素化などがあり、各メーカにおいても17μm以下のサイズの画素の開発が進められ、小型画素を適用した非冷却赤外線イメージセンサの製品化が進められている[10~17]。

本稿では、民生向けなど様々な用途に向けた赤外線イメージセンサの開発技術について述べる。

SOIダイオード

非冷却赤外線イメージセンサの画素構造の断面図を**図1**に示す。本構造は、高断熱特性と高赤外線吸収を同時に実現する独立反射膜を有する構造となっている。SOIダイオード温度センサ部と断熱用支持脚の上方には、温度センサ部と熱的に接触している赤外線吸収膜が形成されている。赤外線吸収膜と断熱用支持脚との間に独立反射膜が設けられ、この独立反射膜は、温度センサ部とは熱

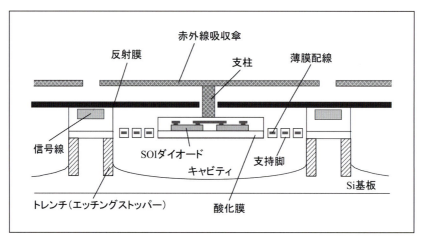

図1　画素断面構造

的に直接接続せずに、周辺の配線部近傍で支えられる。赤外線の一部は赤外線吸収膜を透過するが、温度センサ部と赤外吸収膜の間に設けられた独立反射膜で反射させ、高い赤外線吸収率を実現している。SOIダイオードを含む温度検知部は基板内に形成された空洞の上に支持脚で保持された高断熱構造を有しており、入射赤外線量に応じてSOIダイオードの温度が変化するようになっている。ダイオードには外部から順バイアスで一定電流を流しておき、入射赤外線量をダイオードの温度変化による順方向電圧の変化として読み出す。SOIダイオード方式非冷却赤外線イメージセンサの被写体温度感度はダイオードの順方向電圧V_fの温度変化係数dV_f/dTに比例し、dV_f/dTは(1)式で表される。また、ダイオードを駆動する通常の電圧範囲でのV_fは、(2)式で表される。

$$\frac{dV_f}{dT} = m\frac{qV_f - 3kT - E_g}{qT} \quad \cdots (1)$$

$$V_f \approx \frac{nkT}{q}\ln\left(\frac{I_f}{I_s}\right) \quad \cdots (2)$$

ここでmは画素内のダイオード直列個数、I_fは順方向電流、kはボルツマン定数、Tは温度、qは素電荷、I_sは逆方向飽和電流、nはダイオードの理想係数、E_gはSiのバンドギャップである。温度変化係数はダイオードの直列個数に依存するため、駆動電圧の範囲でダイオードの直列個数を増すことがセンサの高感度化に寄与する。

画素サイズの小型化により、画素内の温度検知部領域が減少し、1画素内に配置できるダイオード直列個数が減少してしまう。そこで、小型化した画素内でのダイオード連結個数を増すために、ダイオード領域を省スペース化した2-in-1 SOIダイオード構造を新たに適用する。

図2(a)は、2-in-1 SOIダイオードの断面図を示している。2-in-1 SOIダイオードはひとつの活性領域にp^+nダイオードとn^+pダイオードを形成している。p^+nダイオードとn^+pダイオードが共通コンタクトによって連結接続されており、従来の隣接するダイオード間を酸化膜で分離していた構造と比較して、同じデザインルールにおいては、約70％の省スペース化を実現した。よって2-in-1 SOIダイオードは、画素の縮小化に適している。2-in-1 SOIダイオードを適用した画素の平面図を**図2(b)**に示す。5つの2-in-1 SOIダイオードが、画素の温度センサ部に形成されており、従来の25μm角画素[7]と同じ10個のダイオードの直列接続配置を実現することができる。

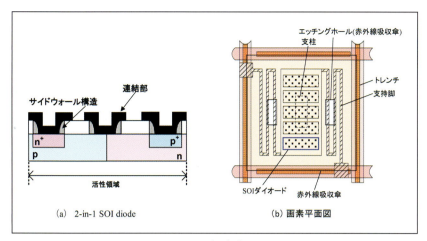

図2 画素デザイン

画素特性

本章では、17μm角画素の試作および評価結果について述べる。**図3**に全工程完了後の17μm角画素のSEM(Scanning Electron Microscope)写真を示す。17μm角画素において、正常な中空構造を形成できていることを確認できる。

次に、作製した2-in-1 SOIダイオードの温度変化係数dV_f/dTの評価結果を**図4**に示す。結果から、2-in-1 SOIダイオードを適用した画素の温度変化係数dV_f/dTは、15.3mV/Kで、従来の25μm角画素[7]で用いられている従来ダイオードの温度変化係数dV_f/dTと同等の値が得られている。また、8インチウエハ内で、2-in-1 SOIダイオードの温度変化係数dV_f/dTのばらつき(平均値に対する標準偏差の割合)は、**図5**からわかるように、1%以下であり、高い均一性を実現した。温度センサであるダイオードが単結晶Siであるため、画像センサとして重要な均一性のよい画素特性が実現できる。

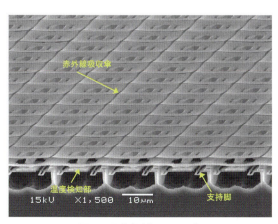

図3 画素領域SEM写真

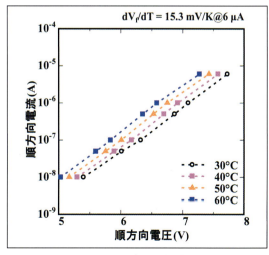

図4 画素温度特性

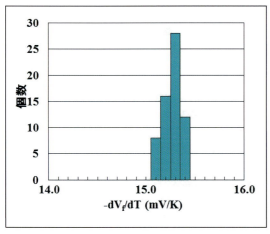

図5 $-dV_f/dT$の8インチウエハ内での分布

TECレスおよびシャッタレス技術

本章では、TEC (Thermo-Electric Cooler, ペルチェ) レスおよびシャッタレス動作を実現するSOIダイオード方式非冷却赤外線イメージセンサの読み出し回路について述べる。

前述のように、非冷却赤外線イメージセンサは、断熱構造を有する画素検知部において赤外線の入射により発生する微小な温度変化を検知するものである。環境温度が変化した際のイメージセンサ温度変化は、この検知すべき微小温度変化に比べ、はるかに大きいため、非冷却赤外線イメージセンサでは、環境温度が変化してもイメージセンサ温度を一定化するTECを一般に使用している。このTECの使用はカメラのサイズ、消費電力ならびにコストの増大を引き起こすものであり、TECを不要化したTECレス動作非冷却赤外線イメージセンサが近年強く要請されている。

今回適用した回路構成の全体図を**図6**に示す。本回路では、画素領域の端部に、参照画素を**図6**のように形成する。この参照画素からのイメージセンサの出力電圧DCレベルを、イメージセンサの出力ノードに接続したS/H回路により抽出する。抽出された参照画素からの出力DCレベルは、オペアンプにより定電圧V_{const}と比較される。オペアンプの出力は、イメージセンサチップ外に設け

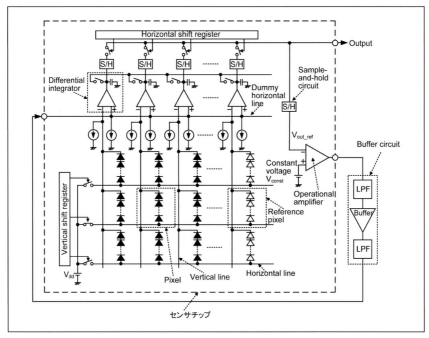

図6 TECレス動作を実現する回路構成

られたバッファ回路に入力される。バッファ回路の出力は、イメージセンサのダミー水平駆動線に印加され、各列の差動積分回路の非反転入力ノードに入力される。これにより、負帰還制御ループが形成され、参照画素からの出力DCレベルが一定電圧となるようにフィードバック動作が行われる。よって、TECレス動作において、環境温度(＝イメージセンサ温度)が変化しても、赤外線に対して感度をもたず、イメージセンサ温度のみの影響を受ける参照画素からの出力DCレベルが一定電圧となるよう動作するため、TECレス動作における環境温度変化に伴う出力DCレベルの変動の問題を解決できることとなる。

今回、参照画素として、赤外線に感度をもたない中空断熱画素を参照画素として用いる。適用する中空参照画素の構造を**図7**に示す。中空参照画素では、**図7**のように、遮光膜が参照画素領域のほぼ全面を覆っている。本構造により、赤外線に感度をもたず、断熱構造を有する中空参照画素が実現できる。この中空参照画素は、従来の高感度画素構造のプロセスフローにより、大幅なフローの追加なく形成でき、製造コストの増大もない。

試作した中空参照画素を適用した320×240画素非冷却赤外線イメージセンサを**図8**に示す。

TECレス動作特性の評価を実施した結果を**図9**に示す。非中空参照画素は、温度検知部が中空保持されていない構造で、中空参照画素は、キャビティ形成により温度検知部が中空保持された構造である。中空参照画素の適用においては、環境温度範囲10℃～50℃における出力DCレベル変動が59.3mVでTECレス回路なしに比べて大幅に低減できていることがわかる。

次に、シャッタレス動作について述べる。非冷却赤外線イメージ

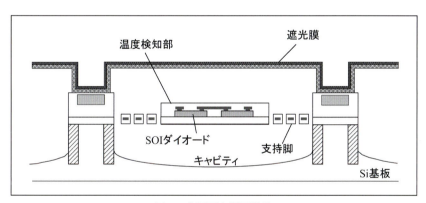

図7 参照画素断面構造

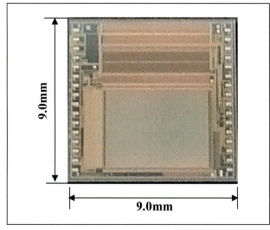

図8 SOIダイオード方式320×240画素非冷却赤外線イメージセンサ

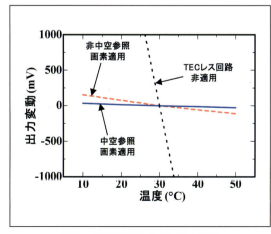

図9 環境温度に対する出力変動

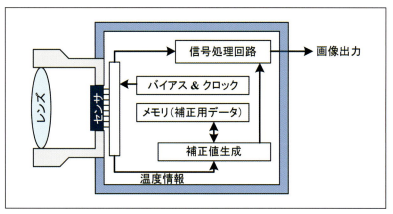

図10　赤外線カメラ模式図

センサは、各画素出力のオフセット、光量に対する感度および、それらの温度特性によってセンサ出力が変動する。そのため、一定期間ごとにシャッタを閉じ、一様温度の被写体（シャッタ）を見せ、各画素の特性を補正する処理が必要である。しかしながら、シャッタが作動中は、画像を取得できないなどの課題がある。そこで、たとえば図10に示すように、赤外線カメラのメモリに補正用データをパラメータとして保持し、環境温度に合わせてリアルタイムで補正することにより、シャッタレス動作を実現することができる。

320×240画素非冷却赤外線イメージセンサを使用したプロトタイプ赤外線カメラの被写体温度に対する出力変動を図11に示す。これらの特性情報などを基に、3つの補正用データのテーブルを作成し、メモリに保持する。赤外線カメラのシャッタレス動作においては、任意の環境温度での補正用データと撮像データにより、補正処理が行われる。

また、TECレスおよびシャッタレス動作を実現したSOIダイオード方式非冷却赤外線イメージセンサにより得られた赤外線撮像画像を図12に示す。センサチップの面積は、従来比48％となり、小型2-in-1 SOIダイオードおよび中空参照画素を適用したTECレスおよびシャッタレス動作においても高精細な画像が得られている。

まとめ

今回、SOIダイオード方式非冷却赤外線イメージセンサの画素小型化、TECレス化およびシャッタレス化について報告した。いずれの技術も良好

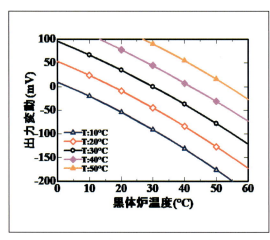

図11　被写体温度に対する出力変動

図12　赤外線画像

な均一性と低ノイズ性を有するSOIダイオード方式非冷却赤外線イメージセンサの能力をさらに引き上げることができ、民生向けなど様々な用途に向けた赤外線イメージセンサを実現する技術として有用である[18]。

◆ 参考文献

1) D. Takamuro, T. Maegawa, T. Sugino, Y. Kosasayama, T. Ohnakado, H. Hata, M. Ueno, H. Fukumoto, K. Ishida, H. Katayama, T. Imai and M. Ueno: Proc. SPIE Vol.8012, 80121E, 2011.
2) T. Ishikawa, M. Ueno, K. Endo, Y. Nakaki, H. Hata, T. Sone, M. Kimata, and T. Ozeki: Proc. SPIE, Vol.3689, pp.556-564, 1999.
3) Y. Kosasayama, T. Sugino, Y. Nakaki, Y. Fujii, H. Inoue, H. Yagi, H. Hata, M. Ueno, M. Takeda, and M. Kimata: Proc. SPIE, Vol.5406, pp.504-511, 2004.
4) M. Ueno, Y. Kosasayama, T. Sugino, Y. Nakaki, Y. Fujii, H. Inoue, K. Kama, T. Seto, M. Takeda, and M. Kimata: Proc. SPIE, Vol.5783, pp.567-577, 2005.
5) H. Hata, Y. Nakaki, H. Inoue, Y. Kosasayama, Y. Ohta, H. Fukumoto, T. Seto, K. Kama, and M. Takeda: Proc. SPIE, Vol.6206, 620619, 2006.
6) M. Kimata, M. Ueno, M. Takeda, and T. Seto: Proc. SPIE, Vol. 6127, 61270X, 2006.
7) Y. Kosasayama, T. Sugino, Y. Nakaki, M. Ueno, and K. Kama: The Japan Society of Infrared Science and Technology, The 49th meeting, Feb., 2008.
8) T. Ohnakado, M. Ueno, Y. Ohta, Y. Kosasayama, H. Hata, T. Sugino, T. Ohno, K. Kama, M. Tsugai, and H. Fukumoto: Proc. SPIE Vol. 7298, 72980V, 2009.
9) D. Fujisawa, T. Maegawa, Y. Ohta, Y. Kosasayama, T. Ohnakado, H. Hata, H. Ohji, R. Sato, H. Katayama, T. Imai and M. Ueno: Proc. SPIE, Vol.8353, 83531G, 2012.
10) J.J. Yon, et al: Proc. SPIE, Vol.9070, 90701N, 2014.
11) L. Sengupta et al: Proc. SPIE, Vol.9451, 94511B, 2015.
12) U. Mizrahi et al: Proc. SPIE, Vol.9451, 94511E, 2016.
13) George D. Skidmore: Proc. SPIE, Vol.9819, 98191O, 2016.
14) K-M. Muckensturm et al: Proc. SPIE, Vol.9819, 98191N, 2016.
15) F. Tankut et al: Proc. SPIE, Vol.10177, 101771X, 2017.
16) D. Fujisawa, S. Ogawa, H. Hata, M. Uetsuki, K. Misaki, Y. Takagawa, and M. Kimata: Proc. MEMS 2015, pp.905-908, 2015.
17) S. Ogawa and M. Kimata, Materials 10(5), 493, 2017.
18) D. Fujisawa, Y. Kosasayama, T. Takikawa, H. Hata, T. Takenaga, T. Satake, K. Yamashita and D. Suzuki: Proc. SPIE, Vol.10624, 106241, 2018.

☆三菱電機株式会社 先端技術総合研究所
TEL. 06-6497-6437
E-mail：Fujisawa.Daisuke@bc.MitsubishiElectric.co.jp
http://www.mitsubishielectric.co.jp/

赤外線イメージセンサ

QWIP/QDIPを用いた2波長赤外線イメージセンサ

防衛装備庁

土志田　実

QWIP/QDIPは、わが国が得意とするGaAs半導体プロセスで作製可能な赤外線センサとして研究開発が進められてきた。ここでは、QWIP/QDIPの特徴を述べるとともに、2つの赤外線波長帯（5μm帯＆10μm帯）で同時に感度をもつハイビジョンクラスのイメージセンサを製作したので、実際に撮像した画像をまじえて紹介する。

・QWIP（クウィップ）：Quantum Well Infrared Photodetector（量子井戸型赤外線検知素子）
・QDIP（キューディップ）：Quantum Dot Infrared Photodetector（量子ドット型赤外線検知素子）

はじめに

　QWIP/QDIPは、MCT（HgCdTe：水銀カドミウムテルル）に代表される冷却型（量子型）の赤外線センサで、1990年代から急速に発展してきた。GaAs（ガリウムヒ素）などのⅢ-Ⅴ族化合物半導体を用いており、わが国が得意な半導体プロセスでの製作が可能であるため、センサの大面積化が比較的容易で、かつ安定性、均一性などに優れた特性を有する。中赤外線から遠赤外線までの幅広い波長帯（およそ3～12μm）をカバーでき、その範囲内で検知波長のコントロールも可能となるため、多波長検知センサとしても非常に有望なセンサである。

　次章以降にQWIP/QDIPの特徴、製作したイメージセンサの概要、実際に撮像した画像について紹介する。

QWIP/QDIPの特徴

　QWIPでは、バンドギャップの異なる2つのⅢ-Ⅴ族化合物半導体層を非常に薄く積層していき多重量子井戸層（MQW層）を形成する。そのMQW層内のエネルギー準位間の電子遷移に相当する赤外線が吸収され、光電流が信号として取り出される（**図1**）。非常に安定なGaAs系材料を用いているため、従来の冷却型赤外線センサよりも画素均一性に優れ、出力信号のばらつきも抑えられる。T2SLと呼ばれ、現在研究開発が盛んに行われているタイプⅡ型超格子（Type-Ⅱ SuperLattice）に対して、QWIPはタイプⅠ型超格子となる。

　QWIPでは、MQW層の材料組成や層厚を変化させることにより、検知波長のコントロールが可能である。たとえば、厚さ5nmのGaAs層と厚さ40nmの$Al_{0.3}Ga_{0.7}As$（アルミガリウムヒ素）層を

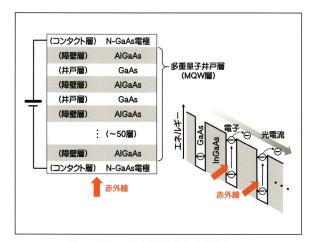

図1 QWIPの赤外線検知の原理

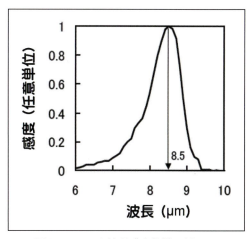

図2 QWIPの波長感度特性の例

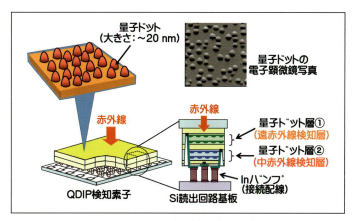

図3 QDIPの2波長検知素子の構造

交互に25〜50層ほど積層させた場合、**図2**のような波長感度特性となる[1]。その検知波長幅はおよそ1μmである。このような波長選択性の良い特性が得られることもQWIPの特長の1つである。

QWIPの量子効率（入射する赤外線のフォトン1個に対してセンサから出力される電子の割合）はMCTに比べるとかなり劣る。しかし、QWIPでは優れた安定性を活かし、赤外線吸収による信号を蓄積することによって高感度化を図り、従来の赤外線センサに匹敵するS/N（信号／雑音）比の画像を得ることができる。

QDIPは、QWIPの発展型として登場した[2,3]。QWIPが薄い量子井戸層を形成するのに対して、QDIPは数〜数十nmサイズの多数の量子ドット（**図3**）を形成する。この量子ドット内に形成されるエネルギー準位間の電子遷移を利用して赤外線を検知する。このとき量子ドット内に3次元的な電子の閉じ込めが可能となるため、赤外線を光電流に効率的に変換でき、結果的にQWIPよりも量子効率の向上が図れる。

2波長赤外線イメージセンサ[2〜4]

QDIPにおいても材料組成や量子ドットのサイズを変化させることにより検知波長のコントロー

ルが可能となる。検知波長幅はQWIPと同様におよそ1μmである。この良好な波長選択性を活かし、検知波長の異なる量子ドット層を積層することにより、複数波長に対して同時検知が可能となるセンサが簡素に実現できる。たとえば図3のように、量子ドット層1を10μm帯検知用の遠赤外線検知層、量子ドット層2を5μm帯検知用の中赤外線検知層とすると、両波長間のクロストークが抑制できる2波長同時検知センサが実現できる。このほか、中赤外線（3～5μm）、遠赤外線（8～12μm）のそれぞれの波長帯内での2波長同時検知（たとえば8μmと10μmの同時検知）なども可能となる。

QDIPを用いた2波長赤外線（中赤外線＆遠赤外線）の同時検知が可能なイメージセンサは、世界に先駆けてわが国が初めて実現した。この際、イメージセンサの高性能化を図るため、両赤外線に対し色収差や球面収差を考慮した光学設計を行い、それぞれの波長帯で焦点面に結像させるレンズ系を採用したり、赤外線から変換された光電流をIn（インジウム）バンプを介してSi読出回路上に設けられたキャパシタに蓄積してS/N比を向上させたりした工夫を施した。

図4に、実際に製作したハイビジョンクラス（1,024×1,024画素）の2波長赤外線イメージセンサの外観を示す。QDIPセンサは、スターリングクーラを用いた冷却器（大きさはおよそ150mm×65mmφ）によって80K程度に冷却され、60Hzのフレームレートで2波長赤外線のクリアな画像を同時に撮像する。

撮像画像例[2～4]

2波長赤外線イメージセンサで取得した画像例を示す。波長は中赤外線（5μm帯）と遠赤外線（10μm帯）で、同じ時刻に同じ場所を撮像した画像となる。

図5は、昼間の市街地を撮像した画像である。中赤外線は、遠赤外線より波長が短いため解像力

図4　製作した2波長赤外線イメージセンサ

図5　市街地の赤外線画像（昼間）

に優れており、特に晴れた日は太陽光の反射・散乱の影響によりコントラストの高い画像となる。

これに対して冬季の夜間に撮像した画像を図6に示す。撮像対象は富士山である。山頂は－10℃程度の低温であったため、中赤外線の放射量が極端に少なく、その画像のコントラストが低くなっている。その一方で、遠赤外線画像では麓から山頂に至る山肌の温度差がはっきりと見える。一般的に撮像対象が低温となる環境下では、低い温度の検知に適した遠赤外線のほうがコントラストの高い鮮明な画像となる。

大気伝搬の観点からは、遠赤外線は波長が長いために雲、霧、靄（もや）、煙による散乱が少なく、視程が悪いときの透過性に優れるとされる。図7は上空を飛行する航空機を撮像したものであるが、遠赤外線においては雲を透過した機影がわかるほどの画像が得られている。

上記に示したような天候や昼夜による影響のほか、物体そのものが放射する赤外線強度の違いによる見え方の違いもある。特に、物質が燃焼する際の火炎の多くは、特定の波長の赤外線を強く放射する。図8にライターの火炎を撮像した画像を示す。燃焼により発生する高温の炭酸ガス（CO、CO_2）は中赤外線に特有の強い放射があるため、中赤外線画像で火炎の形が大きくなっている。

このような赤外線の特性の違いを利用して、ある特定の物質を画像中で抽出し表示させることができる。図9は火力発電所の煙突から放出される高温ガスの部分を赤く表示させた画像である。これは、

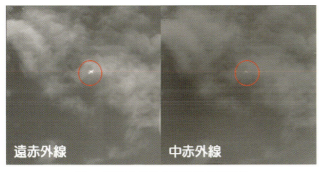

図6　富士山の赤外線画像（冬季、夜間）

図7　飛行する航空機の赤外線画像

図8　ライターの火炎の赤外線画像

図9　画像融合処理後の火力発電所の赤外線画像

中遠赤外線の2枚の画像において、明らかに他の部分と両者の赤外線強度の比が異なる部分を抽出させたものである。本イメージセンサは、同じ時刻に同じ場所を撮像しているため、効率的な画像処理が可能であり、結果としてリアルタイムの動画表示も可能としている。このような2枚の画像の情報を処理し、新たな情報を含んだ1枚の画像を得ることを画像融合処理と呼んでいる。

画像融合処理は、見えにくいものを見やすくする際にも有効である。たとえば、晴れた日に太陽の方向の海を見ると、海面がギラギラと**図10**のように見える。これは太陽光の反射によるもので、太陽光クラッタ、あるいは太陽グリント、海面クラッタなどと呼ばれている。

同じ場所で撮像した赤外線画像は**図11**のようになる。このとき、画像の真ん中のやや下方を小型船舶が航行していたが、遠赤外線においては太陽光クラッタに紛れてほとんど認識できず、他方、中赤外線では認識はできるが、シルエット（影）として黒く写ってしまっているのがわかる。

ここで、2枚の赤外線画像を画像融合処理、具体的には中赤外線画像中のクラッタ強度データを遠赤外線画像から差し引くことにより、太陽光クラッタを低減する処理を行った画像を**図12**に示す。同図からわかるように、画像融合処理により小型船舶の存在が容易に認識できるばかりでなく、船舶の各部位の赤外線強度の違い（温度の違い）までも確認できるようになる。このとき、小型船舶のS/N比（小型船舶の輝度レベルとその周辺の輝度レベルの標準偏差の比）は、元の遠赤外線画像に対して約9倍も向上した性能が画像融合処理後に得られている[5]。

図10　太陽光クラッタ（可視画像）

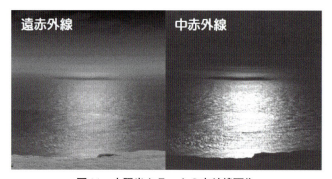

図11　太陽光クラッタの赤外線画像

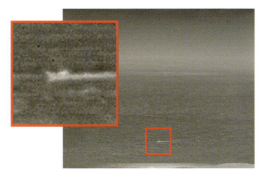

図12　画像融合処理後の画像（太陽光クラッタ低減後）

図13　先進光学衛星に搭載されるQDIPセンサ

おわりに

本稿では、QWIP/QDIPの特徴を示すとともに、製作した赤外線イメージセンサについて実際に撮像した画像をまじえて紹介した。QDIPを用いた2波長赤外線イメージセンサは、文部科学省・JAXAが計画する先進光学衛星（平成32年度打上げ予定）に搭載される予定[6]であるなど、その活用が広がりつつある（図13参照）。今後、多くの場面で性能向上が図れる2波長赤外線イメージセンサの活用がさらに広がっていくことを期待する。

◆ 参考文献
1) 西野弘師：Fujitsu, 56, No.4(2005)352
   (http://www.fujitsu.com/downloads/JP/archive/imgjp/jmag/vol56-4/paper14.pdf).
2) 木部道也：日本赤外線学会誌, 25, No.1 (2015) 72.
3) 木部道也：防衛技術ジャーナル, 386(2013年5月号)21.
4) M. Koyama: Mast Conference Papers, MAST Asia 2017.
5) http://www.mod.go.jp/atla/research/gaibuhyouka/pdf/QDIP_27.pdf
6) http://www.mod.go.jp/atla/center.html

☆防衛装備庁
　TEL. 03-3268-3111
　E-mail : doshida.minoru.cy@cs.atla.mod.go.jp
　http://www.mod.go.jp/atla/

赤外線イメージセンサ

SCD社の赤外線イメージセンサ技術

株式会社アイ・アール・システム
山崎博之

　SemiConductor Devices社（通称SCD）は、赤外線イメージセンサの研究開発〜設計〜製造までを独自に行い世界中に供給しているグローバル企業である。
　本稿では、SCDが有する様々な赤外線イメージセンサの特長や技術を紹介する。

SWIR（短波長赤外線）イメージセンサ

　近年その波長での大気の透過性、低照度撮影や異物特定などの優位性が認識され、各メーカで開発にしのぎを削っている。SCDではSWIR領域に感度をもつ代表的な素材InGaAsを使った超高感度イメージセンサを提供している（**図1**）。

1）SWIR領域の主な特長
- 可視光に比べ波長が長いため、煙や靄などの微粒子の散乱が少なく透過しやすいことから、遠方監視や煙を透過して監視する用途に最適である（**図2**、**3**）。
- 可視光と同様に反射撮影となるため、熱画像と異なり画像コントラストが高く人物特定に優れており、また、光と影の効果により人間の自然な認識に近い。
- 低照度での撮影に優れ、超高感度のセンサでは大気光（Nightglow）を利用しての夜間撮影が可能である（**図4**、**5**）。
- 分子の振動や回転による物質の吸収波長から、非破壊検査で異物混入を特定できる。
- 量子型検出器のため高速撮影が可能である

図1　SWIRイメージャ（InGaAs）

図2　遠方監視の見え方の違い（CCD vs SWIR）

図3　煙を通しての見え方の違い（SWIR vs CCD）

図4　夜間（新月）での見え方の違い（SWIR vs イメージ倍増管）

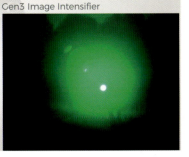

図5　夜間で逆光時の見え方の違い（SWIR vs イメージ倍増管）

2）InGaAsイメージセンサ
　（インジュウム化ガリウムヒ素）

SCDでは画素サイズとしてVGA（640×512 15μmピッチ）とSXGA（1,280×1,024 10μmピッチ）の2種類のイメージセンサを提供している。センサの特長としては、低ノイズ・超高感度（読出しノイズ40e-、暗電流2fAを達成）だがITARフリーのため日本国内に入手が可能である。

VGAタイプに関してはOEM用カメラモジュールSWIRiを本年度リリースし、より顧客のアプリケーションに導入しやすくなった。カメラモジュールは以下のユニークな画像処理の機能をもつ。

【TBNUC】
- 低電力用途のため電子クーラーを使用せず画像均一性を保つ補正機能。

【HDR】
- 画像をより見やすくするため複数の露光時間で撮影し、それを画像融合することによりダイナミックレンジを拡大させる機能。

【ノイズ低減】
- 独自の空間・時間的ノイズ低減アルゴリズムを実装。

また、新たに読出しノイズ15e-、暗電流1fAのさらなる低ノイズ・イメージセンサCardinal-640 Loonを今年度リリースする予定である。大気光を利用した暗視カメラ向けとして期待されている。

MWIR（中赤外線）イメージセンサ

この波長帯では、技術的に十分確立されている比較的ローコストの冷却式InSbイメージセンサ、高温動作（HOT：High Operation Temperature）が可能で、省電力・長寿命を実現したバリアタイプのXBnイメージセンサ、および中赤外にも感度をもたせたブロードバンド非冷却イメージセンサをラインナップしている。

1）MWIR領域の主な特長
- 熱赤外
- 比較的高温の赤外線放射測定に適している
- 炎の検知に最適な波長で主に防衛用途で使われている

2）冷却式InSbイメージセンサ
　（インジュウム・アンチモン）

SCDでは画素サイズとして、VGA（640×512、15μmピッチ）、XGA（1,024×768、10μmピッチ）、SXGA（1,280×1,024、10μmピッチ&15μm）、FHD（1,920×1,536、10μmピッチ）の4種類のイメージセンサをラインナップしている（**図6**）。

センサの特長としては、高感度量子型で1～5.4μmまでの広い波長に感度を有し、デジタルROICにより低ノイズを実現しているが、冷却式の量子型センサとしては比較的安価のため高速サーモグラフィ等の民生用途にも広く普及している。

なお、SXGA 10μmタイプのBlackbird-1280ではビデオエンジン・タイプも選択可能なため、短期間でのシステム化が可能である（**図7**）。

3）HOT冷却式XBnイメージセンサ
　（高温動作バリアタイプ）

SCDでは画素サイズとして、VGA（640×512、

図6　MWIR 冷却式InSbイメージセンサ（SXGA画素）

図7　Mini Blackbird SXGAの画像

15μmピッチ)、XGA(1,024×768、10μmピッチ)、SXGA(1,280×1,024、10μmピッチ&15μm)の3種類のイメージセンサをラインナップしている(図8、9)。

　SCDが特許を有する150K冷却で動作可能なXBnテクノロジーを採用したイメージセンサのため、超小型低消費電力のスターリング・クーラーが選択可能である。SWaPを実現した手のひらサイズの冷却式カメラやロングライフのスターリング・クーラーと組み合わせて長寿命のカメラシステムに採用されている。InSbイメージセンサと同様にデジタルROICを採用、SXGA 10μmタイプのHOT Blackbird-1280ではビデオエンジン・タイプも選択可能なため、短期間でのシステム化が可能である。

4) ブロードバンド非冷却VOxマイクロボロメータ

　SCDでは非冷却マイクロボロメータでMWIR領域にも感度をもたせたイメージセンサも提供している。主にバンドパス・フィルタを組み合わせ、焼却炉や発電炉の点検用炎越しカメラとして採用されている。

LWIR(遠赤外線)イメージセンサ

　この波長では、新技術のタイプII超格子量子型イメージセンサと非冷却VOxマイクロボロメータを提供している。

1) LWIR領域の主な特長
- 熱赤外
- 室温に近い赤外線放射測定に適している
- 太陽光反射(クラッタ)の影響が少ない
- 炎の影響の低減

2) 冷却式T2SLイメージセンサ(タイプII超格子)

　SCDでは次世代のT2SLテクノロジーを採用した量子型VGA(640×512 15μmピッチ)のイメージセンサを提供している(図10、11)。T2SLはSWIRやMWIR領域でのイメージセンサがすでに市場で販売されているが、LWIR領域のT2SLイメージセンサは技術的ハードルが高いとされ少ない。この波長での量子型イメージセンサとしてはすでにMCTやQWIPがあるが、MCTは高感度だが低価格化が困難でQWIPはバンド幅が狭いなど

図8　MWIR HOT冷却式XBnイメージセンサ(VGA画素)

図9　Kinglet 640の画像

図10　LWIR冷却式T2SLイメージセンサ（VGA画素）

図11　Pelican-D LWの画像

図12　LWIR非冷却VOxイメージャ（VGA画素）

図13　VOXIの画像

の理由があり、新しい技術のT2SLが望まれていた領域である。SCDのT2SLイメージセンサはMWIRのイメージセンサと同様にデジタルROICを採用、主に防衛用途として採用されている。

3）非冷却VOxイメージセンサ
　　（酸化バナジウム・マイクロボロメータ）

　SCDでは高感度として定評があるVOxタイプでNETD 35mKの非冷却イメージセンサを提供している（**図12、13**）。画素サイズとしては、VGA（640×512 17μmピッチ）とXGA（1,024×768 17μmピッチ）で、TEC付きメタル・パッケージとTECレスのセラミック・パッケージの2種類がある。VGA画素のセラミックパッケージタイプには、OEM用カメラモジュールVOXIが選択できるため、よりアプリケーションに導入しやすくなった。

まとめ

　SCDは、すべての赤外線波長にソリューションを有するハイエンド・イメージセンサをワールドワイドに提供している。提供するイメージセンサは、最先端の技術を使ったもので、防衛から民生まで幅広く適応可能である。

　弊社ではSCD製品を日本のマーケットに提供することで日本の発展に寄与していきたいと考えている。

☆株式会社アイ・アール・システム
　TEL．042-400-0373
　E-mail：yamazaki@irsystem.com
　https://www.irsystem.com/

【映像情報インダストリアル】
毎月1日発行／1,400円＋税（送料無料）
http://www.eizojoho.co.jp/industrial/feature/index.html

画像処理とITが融合した
SI総合情報誌

映像情報 Industrial

■ 媒体概要

　映像情報インダストリアルは、画像処理技術の産業応用を中心テーマに据えた、イメージングテクノロジーの専門総合情報誌です。ファクトリーオートメーション（FA）をはじめ、メディカル、セキュリティ、交通、印刷、流通など幅広い産業分野で活用される要素技術である画像記録や撮像素子、ディスプレイなどのデバイス技術まで、関連の最新情報を発信しています。

【判型】B5判

産業開発機構株式会社

TEL: 03-3861-7051　FAX: 03-5687-7744
Email: sales@eizojoho.co.jp
〒111-0053　東京都台東区浅草橋2-2-10 カナレビル

ウェブサイトよりご購入いただけます
映像情報　検索

インターネットによるお求めは・・・
www.eizojoho.co.jp

赤外線イメージング＆センシング
～センサ・部品から応用システムまで～

赤外線アレイセンサ

○PythPitsシリーズ
　サーモパイル型赤外線アレイセンサモジュールの概要
　　　セイコーNPC株式会社／河西宏之

○人の在不在、位置、人数の検知に加え、
　放射温度、照度もセンシング可能
　スマートビルディングを実現するサーモパイル型人感センサ
　　　オムロン株式会社／戸谷浩巳

○革新的な赤外線温度センサの紹介
　　　Melexis Japan Technical Research Center／Daniel Tefera

赤外線アレイセンサ

PythPitsシリーズ サーモパイル型赤外線アレイセンサモジュールの概要

セイコーNPC株式会社

河西宏之

セイコーNPCは、2007年に世界初のアンプ一体型サーモパイルアレイセンサICを発表した後、2016年より8x8画素サーモパイル型赤外線センサモジュールSMH-01B01の出荷を開始し、2018年4月よりモジュール製品の第2段として16x16画素のSMH-02B01の提供を開始した。本稿では、弊社のサーモパイルモジュール製品の紹介と、他の方式との特徴の差異、対象としているアプリケーション分野などについて述べる。

なぜサーモパイルか：方式による赤外線センサの違いと特徴

赤外線センサは大きく分けて量子型および熱型に分けられる。量子型は高感度であるが、環境温度変動による特性変動が大きいことと、常温環境での熱雑音の影響が大きく、液体窒素レベルまで冷却する必要があり、きわめて高価なシステムとなってしまう。それに対し熱型は赤外線による温度上昇を利用したもので、量子型に比べると安価な赤外線検出製品として世の中に広く普及している。

熱型の中でも、方式は大きく分けて焦電型、ボロメータ型、サーモパイル型3つがあり、それぞれ長所短所をもっている。

焦電型は、PZT等の素材の温度変化に依る自発分極による帯電電荷の変化で起きる電圧変化を利用するもので、きわめて感度は良く材料も安価であるが、メガΩレンジの非常に高いインピーダンスとなり外来ノイズの影響を受けやすくなること、また自身からもポップノイズと呼ばれる突発的な雑音が発生すること、また、温度変化がない状態では出力を発生できないという問題点がある。これは、主にセンサライトなど人の動き検知に使われている。

ボロメータ型は、VOx等素材の温度変化に伴う抵抗値変化を利用するもので、サイズによるノイズの変動をなくする構成が可能で、比較的多画素アレイ化が容易に実現できることから、主に熱画像カメラに使われている。しかしながら、受光面がベースチップ表面から非常に近い位置にあり真空の実装がほぼ必須となることで高価であり、ま

た抵抗値変化を検出するためセンサに電流を流す必要があり、その発熱の影響で継続的に正確な温度計測を行うことが難しい。

サーモパイル型は、受光面とベースチップ表面の間にあるゼーベック係数の大きな素材の熱電対による起電力を利用するもので、センサに熱的影響を及ぼさず電圧出力が可能であり、放射温度計、耳体温計のような正確な温度計測に向いている。しかしながら出力そのものはとても小さく感度が取りにくく、対を重ねることによって数十kΩ～数百kΩ程度の大きなインピーダンスとなるため、その熱雑音によりセンサとしてのS/Nがあまりよくない。また、センサの構成にP型、N型のポリSiによる熱電対を使うことにより半導体製造工程との親和性が良くなるため、大量に作ることで安価なセンサを供給できる潜在能力をもっている。

セイコーNPCサーモパイルのセンサ構造と特徴

セイコーNPCのサーモパイルは、上面からのバルクマイクロマシニングによる小面積メンブレム構造の上にN型、P型のポリSiによる熱電対を直列配置して作られている。

メンブレムの受光面については、受光効率を上げるため、金黒による熱吸収膜を独自の技術でパターニングしており、8～14μm帯の赤外線に対して90%を超える吸収率を実現している。

センサ素子の信号出力のメカニズムは、入力された赤外線の光が空洞のメンブレン上の熱吸収膜に当たって温められ、その熱エネルギーがメンブレンの築を伝って周囲に移動していく時、空洞上の温点と空洞外の冷点の温度差を、築上にある熱電対によって電圧に変換し出力する(**図1**)。

また、センサのプロセスと半導体のプロセスを融合させ、1つのチップ上で最小限の半導体プロセス工程での製造工法が実現できており、大量生産によるコスト低減が可能なものとなっている。このため、アレイ状の複数のセンサの切替えスイッチ、信号増幅のためのオペアンプ、制御ロジックなどをセンサと同じチップ上に構成することが可能になっている(**図2**)。

弊社は、一般に形成困難な金黒吸収膜をアンプ一体型センサチップの上にパターニングし大量生産を行う唯一の会社で、特徴あるサーモパイル型赤外線アレイセンサを、安定供給することが使命と考えている(**図3**)。

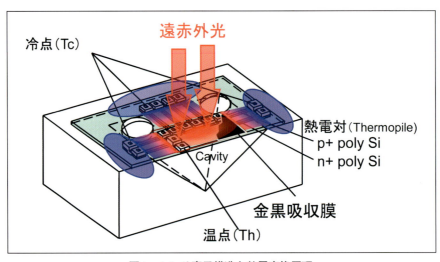

図1　センサ素子構造と熱電変換原理

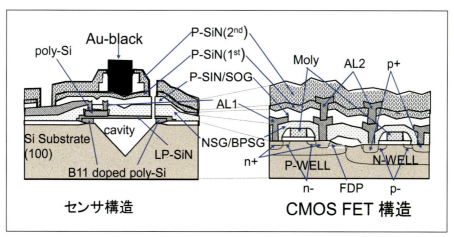

図2　混合プロセスのレイヤ構造図

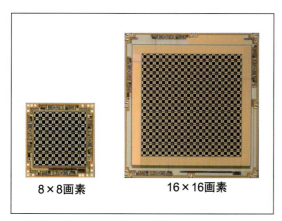

図3　アンプ内蔵サーモパイルアレイセンサIC

サーモパイル型赤外線センサの主な用途、市場について

　赤外線センサの主な用途としては、非接触温度計測および人および異温度物体の検出の2つに分けられ、それぞれを応用する具体的な市場、商品により、熱型センサ各方式での向き、不向きが考えられる。

　焦電方式については、安価ではあるがノイズが多く温度変化にのみ反応することで、安定した状態の正確な温度計測は向いていない。また、多画素を素子分離して静的な熱画像を取ることも難しい。そのため、人などの動きの検知用途に向き、センサライト、セキュリティ機器、省エネ機能付きテレビ、シャワートイレなどでの人の動き検知用途が主な市場となる。

　ボロメータ方式では、高額で高感度、多画素ということがあり、軍用などの暗視カメラというのが一番大きな市場となるが、民製品としては、熱画像による非破壊検査や高価な機械の防災監視などに市場がある。また、画素数の少ないもので、スマートフォンでの熱画像取得に用いられているものもある。

　サーモパイル方式では、適度な価格で静的でほぼ正確な温度計測がしやすいというところから、放射温度計、耳体温計などの市場から動き始め、多画素構成となって、オーブンレンジ、エアコン、照明制御などに使われ始め、今後は安価なアレイ製品の供給に伴い、ジェスチャーなどによる非接触のスイッチや入力機器、防災監視、見守りなど有力な市場が開けると考えている。

モジュール機能と製品ラインナップ

　現在、弊社では、35度画角8×8サーモパイルモジュール（SMH-01B01）および広角90度画角16×16サーモパイルモジュール（SMH-02B01）

赤外線アレイセンサ

図4　サーモパイルモジュール製品

の2製品をリリースしている（**図4**）。両方とも、赤外線エネルギーを電圧で受け、センサチップ上にある温度センサを基準に、黒体を想定した温度に換算して出力でき、非接触で対象物の温度分布の推定が可能になる。

35度画角の8×8モジュールは、元々がオーブンレンジの庫内での検出距離と検出サイズに合わせた製品で、距離40cmで30cm程のエリアを8×8画素のメッシュで計測することができる。その他の対象用途でも、同様な距離と検出サイズの比に合う用途に使用することができる。フレーム速度は、2fpsが標準で、1.4fpsの切り替えも可能である。

通信インタフェイスはI2Cで放射率その他の温度調整設定、8段階の計測レンジの切り替え、画素データの出力順序の切り替えなどの機能をもっている。

90度画角の16×16モジュールは、ビルなどの省エネシステムに向けた人検知用途を想定した製品で、3m程高さの天井から座った状態の1m程の高さの人の有無を、約4坪のエリアで検出することができる。フレーム速度は4fpsが標準だが、0.5、1、2FPSに切り替えることも可能である。

通信インタフェイスはデータ量の関係でSPIになるが、その他温度調整やレンジ切り替えなどの機能を、8×8画素モジュールと同様にもっている。

また、弊社の今後の商品展開としては、大きく3つの方向を考えている。

1つ目は、直近で距離および計測範囲の要望の多い60°画角とした、8×8および16×16の派生展開である。その後、高速化に対応していく。

2つ目は、センサそのものの感度向上を行い、高出力の単画素から3×3画素程度の低画素ローコスト品への展開である。これは気軽に非接触で測れるサーミスタのような使い方と、ジェスチャーなど、狭い領域の動き検知等の使い方を想定している。

3つ目は、さらなる32×32～100×100くらいまでの領域で高画素アレイモジュール製品をリーズナブルな価格で提供することである。

おわりに

弊社では、安定した放射温度計測が容易に行えるサーモパイルタイプの赤外線アレイセンサ製品群を、PythPitsシリーズとして展開していく。この"PythPits"のシリーズ名は、ニシキヘビ（Python）の赤外線を感じる穴器官（Pits）に由来する。

この独特なサーモパイルセンサによるリーズナブルな放射温度計測や人や動きの検出機能を、省エネルギーで便利な家電、医療などの診断補助、セキュリティ、見守りや防災監視などの機器の更なる発展のために提供し、安全、安心、便利で豊かな社会の発展に貢献したい。

☆セイコーNPC株式会社
TEL. 03-5541-6500
E-mail：sales@npc.co.jp
http://www.npc.co.jp/

赤外線アレイセンサ

人の在不在、位置、人数の検知に加え、放射温度、照度もセンシング可能

スマートビルディングを実現するサーモパイル型人感センサ

オムロン株式会社
エレクトロニック＆メカニカルコンポーネンツビジネスカンパニー
事業統括本部 センシング＆モジュールアプリ事業部 MEMSセンサ事業推進部 FAE課
戸谷浩巳

省エネや再生可能エネルギーの利用により、限りなくエネルギー消費量をゼロにしたZEB（ネット・ゼロ・エネルギー・ビル）の早期実現が求められる中、IoT技術でリアルタイムに収集したセンシングデータにより省エネと快適性を両立し、仕事の生産性向上を目指したスマートオフィスが注目されている。
本稿ではスマートオフィス、さらにはスマートビルディング実現のためのキーデバイスとなるサーモパイル型人感センサについて紹介する。

MEMS非接触温度センサによる人検知

従来の焦電型人感センサでは、検知範囲の人の動きに伴う熱（赤外線）の変化によって人を検知するため、静止した人を検知できないという課題があった。そこでわれわれは、MEMS非接触温度センサにより人からの放射温度を検知する方式を採用し、静止した人の検知を可能とした。MEMS非接触温度センサは、対象物から放射された赤外線をMEMS技術で製作した薄膜上のサーモパイル部（熱電対列）にレンズ等の光学系で集光することで熱に変換し、その熱によって生じる2種類の金属接点間の温度差に応じて発生した熱起電力により、対象物表面の温度を非接触で計測できるセンサである。さらに、サーモパイル部を16×16のアレイ構造とすることで、検知範囲を256画素の熱画像（放射温度分布）として捉えることができ、人の在不在のみならず、検知範囲内での位置や人数の把握を可能としている。

多機能センシング

省エネと快適性を両立し、仕事の生産性向上を目指したスマートオフィスでは、人の在不在、位置、人数等の人検知情報のみならず、様々なセンサを用いた多種多様な環境情報の取得が必要とな

る。そこで、本センサでは人検知機能に加え、人検知で必要となる検知範囲の放射温度データをそのまま出力する温度センシング機能、および搭載された照度センサによる照度センシングの機能を備えることで、1台で人検知情報を含む複数の室内環境情報が取得可能となっており、システムの簡素化や設置コストの低減も期待できる。

センサ仕様

本センサの外観を**図1**に示す。本センサは天井埋め込み型のセンサで、天井パネルに設けられた設置穴に対して取り付けバネで固定される。

表1に本センサの主な仕様を示す。**図2**にも示すように、検知範囲は2.7〜3mの高さに設置さ

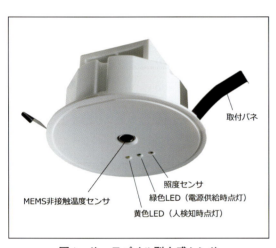

図1　サーモパイル型人感センサ

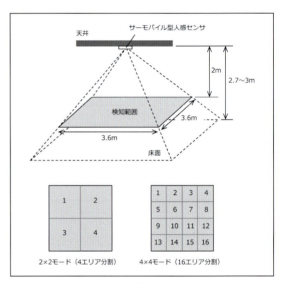

図2　検知範囲

表1　製品仕様

項　目		Min.	Typ.	Max.	単位	備　考
外形サイズ			φ120×65		mm	天井埋め込みタイプ
電　源			DC12〜24		V	
設置高さ			2.7〜3		m	
検知範囲			3.6×3.6		m	センサから2m先の平面
人検知	出力		人の在不在		—	2×2モード（4エリア分割） 4×4モード（16エリア分割）
			人数		人	0から最大16人まで
	周囲温度	16	—	29	℃	
	温度差	4	—	—	℃	人の温度が周囲温度より高いこと
	移動速度	0.3	—	1	m/s	
温　度	計測範囲	5	—	50	℃	4×4モードのみ出力可能
	精度	-3	—	3	℃	
照　度	計測範囲	10	—	2000	lx	センサ直下の照度
	精度	-5	—	5	%FS	
オープンコレクタ出力	動作条件	いずれかのエリアで 人を検知			—	NPNオープンコレクタ出力
非検知エリア		非検知エリアの 設定可能			—	4×4モードの各エリアごと

れたセンサから2m先の平面における3.6m角の範囲で定義されており、検知範囲を4エリアに分割した2×2モードと、16エリアに分割した4×4モードが選択可能である。またエリアごとに人の在不在を判定することで、人の位置や動線の検知が可能であり、さらにはエリアごとの人の在不在検知とは別に、256画素の熱分布情報から人と判定された熱源の数をカウントすることで、検知範囲内に存在する人の人数も検出することが可能である。

温度センシングに関しては、3.6m角の検知範囲に対して4×4モードの各エリアに対する放射温度が取得可能であり、計16エリアの放射温度分布として把握できる。また、天井に設置された本センサに搭載されている照度センサでは、本センサ直下の床面などからの反射光強度として照度センシングが可能である。

本センサでは、MEMS非接触温度センサから得られる256画素の熱分布情報を用いることで、人体とその周囲(背景)との温度差から人の検知を行っており、原理上通常オフィスに存在するOA機器など、様々な熱源を誤検知してしまう懸念がある。そこで本センサには様々な熱源の特徴に基づいた独自の熱源判別アルゴリズムを搭載しており、人以外の熱源による誤検知を低減している。また、定常的に存在するプリンタや複合機等の熱源に対しては、4×4モードの16分割されたエリアごとに設定できる非検知エリア設定機能を用いることで、それらの位置に対応したエリアでの人検知判定を無効にできる。そうすることで、センサ個別に人検知判定から除外するエリアを設定することができ、より安定した人検知が可能となる。

人検知、放射温度および照度の各出力データは、RS-485、Modbus-RTUのシリアルインタフェイスを介して出力され、本センサがスレーブ機器となるマスタ・スレーブ方式での通信が行われる。また、通信ラインおよび電源ライン(DC12〜24V)はセンサ間の渡り配線が可能であり、同一ライン上に最大16台のセンサを接続することができる。**図3**に同一ライン上に本センサを16台接続した場合のシステム構成例を示す。

検証結果

本センサに隣接して別途カメラを設置し、人以外の熱源としてノートPCが存在した時のカメラ画像を合成した熱画像、およびその際の人検知出力を**図4**に示す。ノートPCも人と同程度の発熱が見られるが、人は正しく検知されているのに対してノートPCは検知されておらず、熱源判別アルゴリズムが有効に機能していることがわかる。

図5にオフィスでの検証結果の1例を示す。人検知性能の検証を行うため、別途天井に設置した

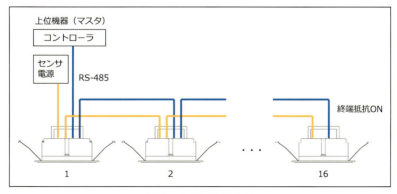

図3　システム構成例

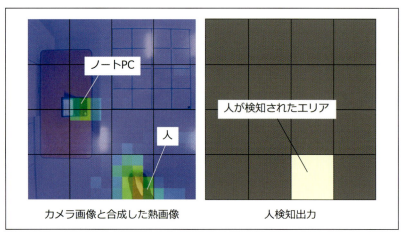

図4　熱源判別の検証例

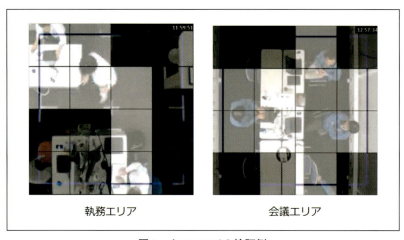

図5　オフィスでの検証例

カメラからの画像と本センサの出力を合成し、人が存在すると判定されたエリアをハイライト表示しており、移動している人はもとより、静止している人の在不在および位置も正しく検知できていることが確認できる。また、様々なオフィス環境での人検知性能を検証するため、オフィス内の複数個所に本センサを設置し、長期間にわたる動作の確認を行った結果、一般的なオフィス環境においては長時間継続する誤検知もしくは回復できない誤検知の発生も見られず、十分実用レベルの人検知性能が得られていることを確認した。

アプリケーション例

本センサでは人検知に加え、床や壁などからの放射温度および照度も同時に計測できるため、より精密な空調や照明制御への適用が可能であり、さらには人の位置や人数をリアルタイムに把握することで、空調や照明の個別制御、さらには在室人数に応じた換気量制御等への適用が可能である。特に床や壁などからの放射温度は人が快適と感じるかどうかの重要な指標となっており、省エネと快適性の両立には本センサで取得可能な放射温度

分布の把握が重要である。ただし、人が存在する場合は人の温度が外乱となり正しい床温度を把握できないが、本センサで得られた各検知エリアの在不在データと温度データから人が検知されたエリアの温度データを除外することで、人の温度の影響を受けていない純粋な床温度の把握が可能なため、人の有無に左右されない空調制御が実現できる。その他、人検知エリアを時系列でモニタすることによる動線分析、滞在率の分析によるオフィス活用度評価、会議室管理システム等への利用や、さらには万一の災害時にビル内の滞在者の位置や人数を把握できるなど、BCP（防災）システムとしての活用も考えられる。

採用事例

学校法人東京電機大学様の東京千住キャンパス新校舎（5号館）に本センサを約1,000台採用いただいた。大学は小部屋が多く、部屋ごとに在室人数や使用日時も異なることから、リアルタイムに在室人数を把握することができれば、部屋ごとに無駄のない空調・照明制御が可能となる。そこで本センサによる人数検知システムを導入し、各部屋の人数情報から必要外気量を算出することで、人数が変化する度にVAV（部屋ごとに設置）により外気量も可変させている。また、放射温度を空調制御に用いる仕組みも用意されており、今後検証が進められる予定である[1]。

おわりに

本稿では、人の在不在、位置、人数、および放射温度、照度の検知が可能なサーモパイル型人感センサを紹介した。人の情報をベースに、放射温度、照度といった環境情報も同時に取得することで、人が我慢したり不快に感じたりすることなく、快適性を損なわない省エネが可能となり、同時に仕事の生産性向上も期待できる。また、本センサは温度情報のみで人検知を行うため、個人が特定される恐れがなく、見守りやトイレ混雑モニタ等プライバシーの保護が必要な用途への応用も考えられる。

本センサのシステムを選ばないオープンな接続性をベースに、スマートオフィス、さらにはスマートビルディングにおけるキーデバイスとして、ZEBの実現に貢献していきたい。

◆ 参考文献

1) 平成29年度空気調和・衛生工学会大会学術講演論文集："東京電機大学東京千住キャンパスの省CO2実現に向けた取組み その28 第2期計画（5号館）計画概要（1）"

☆オムロン株式会社
https://www.omron.co.jp/

赤外線アレイセンサ

革新的な赤外線温度センサの紹介

Melexis Japan Technical Research Center
Daniel Tefera

Melexis（メレキシス）は、すべての物体が熱エネルギーおよび遠赤外線を放射するという事実を利用して、非接触温度センサを製造しているメーカである。メレキシスは、この分野で20年の経験を踏まえて、出荷前に工場にて較正されたデジタル出力センサ分野の世界的な技術リーダーである。
本稿では、メレキシスの赤外線センサのコアなセンシング技術である「サーモパイル」技術に独自の機能を備えた世界初、革新的な最新の2つの製品について紹介する。

超小型MLX90632による正確な温度検出

MLX90632は、センサ素子、信号処理、デジタルインタフェイス、レンズを含む超小型な（3×3×1mmのQFNパッケージ）非接触型温度センサである。超小型かつ完全なソリューションであるため多種多様な最新アプリケーションに素早く簡単に統合できる。

通常の赤外線温度センサは急激な温度変化に直面した際に随従できず不安定な温度計測結果となりアプリケーションの使用範囲が限定的となる。MLX90632は高精度である故に、これらの弱点を克服でき、高いレベルの温度計測の安定性を提供することができる。

通常の赤外線温度センサが抱えているもう1つの問題は対象物に由来しない他熱源の影響である。具体的なユースケースを紹介すると対象物の温度が変化しなくても赤外線温度センサが実装されている基板上に、特に赤外線温度センサの周辺に、熱を放射する他のデバイスが実装されている場合は放射されている熱エネルギーを受け取り、ターゲットである対象物の温度と異なった計測結果になる場合がある。サーモパイルの動作原理上、赤外線温度センサのパッケージを等温状態に維持できるのであれば、パッケージ温度の上昇分は相殺され、正しい計測になりうる。残念ながら多くのアプリケーションの場合は等温状態を維持するのは困難である。

結果として、多くの非接触温度センサの製造業者は、大きな金属製パッケージに赤外線温度センサを格納することによってこの有害な影響に対処しようとする。金属の高い熱放射率と導電率は、それぞれ熱衝撃と温度勾配の影響を小さくするのに役立つが、ソリューションは完全ではなく、温度センサに厳しい環境下で高精度が要求される場

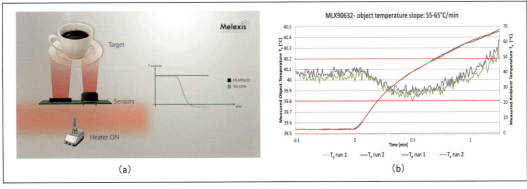

図1　MLX90632のパフォーマンス例
a：2つの赤外線温度センサ（MLX90632と従来の金属製パッケージ品）が実装されている基板をヒーターによって温める間に、対象物（コーヒー）の温度（40℃）をモニターする実験のイラストを表す。
b：ヒーターによって雰囲気温度が急激に上昇（60℃/分）する際のMLX90632の温度変化を表す実験データを示す。

合には失敗する。

　メレキシスのエンジニア達は、熱ショック効果の詳細な解析、モデル化、理解、およびほぼ完璧な補正アルゴリズムの調整により、この問題を克服した。MLX90632の具体的な方法は対象物の温度だけではなく自身のパッケージの温度も正確に計測する手段を内蔵しているため、デバイスの視野角内に対象物以外の熱源がない限り、周辺の熱源の影響を相殺し正確に対象物の温度を計測することが可能である。

　このアクティブな較正方法は、競合他社と同様の金属製のパッケージを採用することなく、競合他社に勝る優れたパフォーマンスを維持する。競合他社との比較条件および環境と計測結果を**図1**にて説明する。**図1a**に、比較条件の実験環境のグラフィックイラストを示す。当実験の比較条件は計測対象物（この場合は温かいコーヒー）を従来の金属製パッケージの赤外線温度センサとMLX90632の2つの赤外線センサで監視する。結果、MLX90632は熱源の近くに暴露されている間は安定した対象物の温度計測を維持するが、競合他社の金属製パッケージの赤外製温度センサはこの厳しい条件で大きな誤差が生じる。**図1b**の実際のデータから雰囲気およびチップ温度（Ta）は非常に速く上昇したにもかかわらず、実験に使用された2つのMLX90632のデータから対象物の温度（To）はわずかな変化（0.25℃以下）以上は影響を受けないことを確認できる。

　その上で、メレキシスのエンジニア達は、この超小型センシングソリューションにレンズを組み込むことができ、視野を50°に縮小できた。視界を縮小することは、より遠くにある小さなスポットを測定するのに役に立つ。しかしながら、フォームファクタの違いは印象的である（**図2**）。

　スマートデバイスメーカは、MLX90362の正確な温度測定を製品設計の差別化ポイントにでき

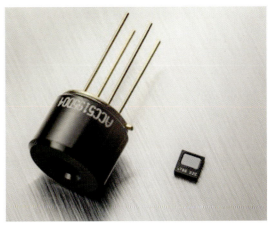

図2　MLX90632と従来の金属製パッケージ品とのサイズの比較のために、酷似した機能および視野角を備えたMLX90614との写真

る。MLX90632は幅広いアプリケーションに対応し、特に急激な温度変化を伴う環境や使用可能なスペースが限られている場合に、温度を正確に測定することが重要な場所で使用される。そのため、白物家電、スマートな室温モニタリング、タブレットやスマートフォンなどのポータブル電子機器での統合など、潜在的なアプリケーションがある。代表的なアプリケーションを**図3**に示す。

Melexisは、小型および高性能センサを必要とする期待値を引き上げ、新しいアプリケーションを可能にすることを約束する。たとえば、健康追跡用ウェアラブルに適用することができる小型の医療グレードのセンサは、次世代の挑戦課題である。

MLX90640による低コスト熱画像処理

トップノッチ技術を適用した製品革新の2番目の例は、最近発表されたMLX90640である。上述したように、サーモパイル検出技術は多くの利点を有するが、小型化が困難である傾向がある。安定性は1つの重要な問題だが、「サーモパイル」ピクセルもサイズが小さくなると感度が低下する傾向がある。メレキシスは、20年間以上の温度センサ設計の経験を活かし、優れたインタフェイスエレクトロニクスを開発し、ピクセル(単一温度センサ素子)の縮小に伴ってSNR(信号対ノイズ比率)が低くなるにもかかわらず性能を維持することができた。また、ピクセルを小さくすることは、所与のピクセル数に対してチップサイズを小さく保つことを可能にし、トータルソリューション(チップ、パッケージングおよび光学系を含む)のコストを抑えることが可能となる。

標準的なTO39のパッケージに32×24ピクセルを搭載したMLX90640は、解像度、性能、コストのトレードオフを特長としている。MLX90640を用いてはじめて多種多様な用途向けの熱画像生成が可能になると自負している。**図4**に、MLX90640で撮った熱画像の1例をセンサの画像とともに示す。ノイズレベルはわずか0.25K RMS @ 4hzであり、更新レートは0.5〜32Hzの範囲でユースケースにあったノイズ対スピードのトレードオフが実現できるようにプログラム可能である。たとえば、パワースイッチボードの過熱の監視は、非常に低いリフレッシュレート(たとえば、0.5Hz)で行われ、歩行者を追跡するにはより高いリフレッシュレート(たとえば、8-16Hz)が必要となる。

実際、MLX90640は幅広いアプリケーションを考慮して設計されている。2つの視野角のオプションが用意されており、より広い角度の分解能、より長い検出範囲が必要になる用途向けに狭い

図3　MLX90632を使用したアプリケーション例
左：(電源)電子機器／中：バッテリ／右：サーバ室の温度監視

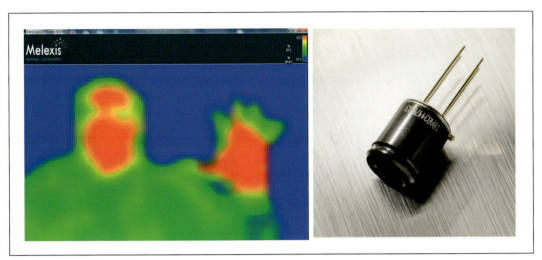

図4　MLX9040(左)とセンササンプル(右)で撮影した熱画像

(55×40)FoVソリューション、可能な限り広い領域を監視する目的のアプリケーション向けに広い(110×75)をFoVソリューションが用意されている。また、両方のオプションの検出可能な物体温度は−40℃〜300℃と動作温度範囲は−40℃〜85℃である。

MLX90640が出力する温度分布画像を利用して、プライバシーを尊重しながら人々の検出、検索、追跡を行うことができる。**図5**は、シーンに存在する人を検出するために追加のソフトウェア

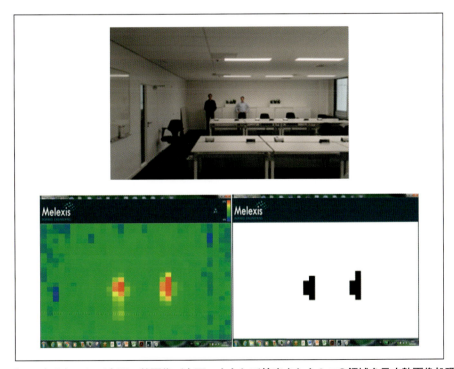

図5　上：2名のシーン／左下：熱画像／右下：人として検出された2つの領域を示す熱画像処理結果

赤外線アレイセンサ

図6 調理フード、スマートホーム、スマートオフィスにおけるいくつかのMLX90640アプリケーション、自動車内装の認識と電子レンジ（左から右、上から下の順）

レイヤが追加された例を示している。この機能は、スマートなHVAC、スマートな照明、スマートな建物（たとえば、患者や高齢者の監視によるオフィスや援助生活など）の多くのアプリケーションで役立つ。

　自動車では、車内の詳細な熱画像を有することにより、より効率的なHVACシステムを設計することができる。調理器のアプリケーションでは、食材の温度データを使用して、良い調理条件を導きだし、さらには危険な（過熱）状況の検出などの自動調理プログラムを開発することができる。産業用途では、過熱しがちな機器を安全上の理由から監視することができる。いくつかのアプリケーション例を図6に示す。

※MLX90632に関する詳細情報：https://www.melexis.com/jp/product/MLX90632/Miniature-SMD-Infrared-Thermometer-IC

※MLX90640に関する詳細情報：https://www.melexis.com/jp/product/MLX90640/Far-Infrared-Thermal-Sensor-Array

☆株式会社メレキシスジャパン
TEL. 045-226-5370
E-mail：atd+FIR@melexis.com
https://www.melexis.com/

◆好 評 発 売 中◆
http://www.eizojoho.co.jp/book/mvl_1.html ⇒

新 マシンビジョンライティング①
－視覚機能としての照明技術－
マシンビジョン画像処理システムにおける ライティング技術の基礎と応用

増村 茂樹 著
マシンビジョンライティング株式会社

1. 照明が新しい未来を拓く
コラム①物質の存在と多次元世界

2. 機械は物体をどのように見るか
コラム②仏教的観点からみたマシンビジョン

3. 機械にどのようにものを見せるか

4. 物体の何をどのように見るか

5. 物体光の分類と明るさ

6. 明るさとは何か

7. 物体光の明るさとその特性

8. 機械の見る物体光を制御する
コラム③色即是空とマシンビジョン

9. 物体光の変化要素と照明設計
コラム④魔法とマシンビジョン

10. 光物性と照明設計

11. 機械の本質と物体光の制御

12. 伝搬方向と振幅による物体光制御

13. 波長と振動方向による物体光制御

14. 光物性の実相

定価 3,500円+税
A5判 197頁
2017年11月24日発行

映像情報インダストリアル誌で人気連載中の「視覚技術で、新しい未来を拓け！」の2016年1月号～2017年2月号に掲載した全14回分に加筆し、再編纂をしたマシンビジョン画像処理業界におけるライティング技術の基礎から網羅した一冊。

【お問い合わせ】産業開発機構株式会社
E-mail : sales@eizojoho.co.jp
TEL : 03-3861-7051　FAX : 03-5687-7744
http://www.eizojoho.co.jp/
〒111-0053 東京都台東区浅草橋2-2-10 カナレビル

映像情報 Industrial

赤外線イメージング＆センシング
～センサ・部品から応用システムまで～

赤外線カメラ／赤外線応用

○赤外線カメラ性能およびカメラの紹介について
  株式会社ビジョンセンシング／水戸康生

○FLIR社製世界最小VGA遠赤外線センサ「Boson 640」
  フリアーシステムズジャパン株式会社／花﨑勝彦

○車載用遠赤外線カメラシステム
  株式会社JVCケンウッド／横井　暁　ほか

○遠赤外線カメラとディープラーニングを応用し
　新たなマーケット開拓
  BAE Systems／鈴木久之

○機能アップした赤外線サーモグラフィとその応用
  株式会社チノー／清水孝雄

○赤外線サーモグラフィのアプリケーションへの対応と
　センサの波長特性ならびに画像処理技術の応用
  日本アビオニクス株式会社／木村彰一　ほか

○ハイエンド冷却型赤外線サーモグラフィと適応事例
  株式会社ケン・オートメーション／矢尾板達也

赤外線カメラ／赤外線応用

赤外線カメラ性能およびカメラの紹介について

株式会社ビジョンセンシング

水戸康生

近年、非冷却型遠赤外線ディテクタを搭載した赤外線サーモカメラは、ますます小型化・低価格化が進み、自動車部品や半導体の製造工程における品質管理や、セキュリティ用の夜間監視カメラとして広く普及してきている。さらに、低価格の遠赤外線カメラが市場に供給され、誰もが使用できる環境が整ってきた。また、中赤外線ディテクタや近赤外線ディテクタにおいても低価格高性能化が進みR＆D部門から製造部門での活用が広がってきた。
本稿では、この赤外線カメラの紹介とその性能や注意点について紹介する。

非冷却遠赤外線カメラ

非冷却遠赤外線カメラは、ボローメータ型やサーモパイル型（熱電対型）のディテクタを使用したカメラが主流になっている。80×60サイズ程度から小さいサイズがサーモパイル型、それより大きいサイズがボローメータ型と住み分けがされつつある（**表1**）。

遠赤外線カメラには、NETD（Noise Equivalent Temperature Difference）と言う指標がある。これは、雑音等価温度差と言われるが、この温度差までカメラとして認識可能であると言われている。しかし、メーカ間で統一された測定方法があるわけでない。レンズのF値や被写体の温度およびカメラの周辺温度に非常に左右されるためカタログ

表1　ボローメータ型とサーモパイル型との住み分け

項　目	ボロメータ型	サーモパイル
画素数	80×60～1,920×1,200	1～80×64
画素ピッチ	10um～17um(25um)	100um前後
フレームレート	30～60FPS(MAX 120FPS)	1～10FPS(MAX 200FPS)
NETD	<50mK(@30FPS)	<250mK(@1FPS)
温度精度	±2℃または±2%	±2℃または±2%
原理	薄型薄膜熱抵抗体	熱電対
価格	数万円～数百万円	数万円以下

データを単純に比較しただけでは、性能比較とならない。ちなみに日本では、この遠赤外線カメラの評価方法が防衛省規格NDS C0212Bに唯一規定されかつ公開されている情報がある。ネット上「NDS C0212B」で簡単に探すことが可能である。われわれの経験からこの方法で測定するとメーカでの値より悪い性能がでることが多い。このような評価をユーザが行うのは難しいが、簡単にカメラのNETDを予測する方法がある。遠赤外線カメラを机などにレンズを伏せて、表示ソフトで画面内の最大温度および最低温度を測定する。その温度の差を6で割るとNETDに近い値が算出される（**図1、2**）。これは、防衛省規格にも良く似た評価方法の記載がある。

絶対温度精度も、カメラの性能として大きく左右される。温度計で解っている既知の温度を測定してその差を見てカメラを評価することが多いが、実際には、非接触温度計は物体がもっている放射率によって表示される温度が異なる。特に放射率が低いと反射の光を見るためその情報をカメラに入力しなければ正確な温度は測れない。溶けかけた氷の表面は、ほぼ0℃でかつ放射率が95％と高

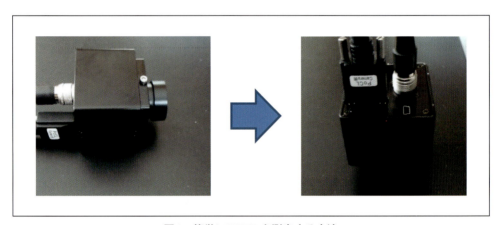

図1　簡単にNETDを測定する方法

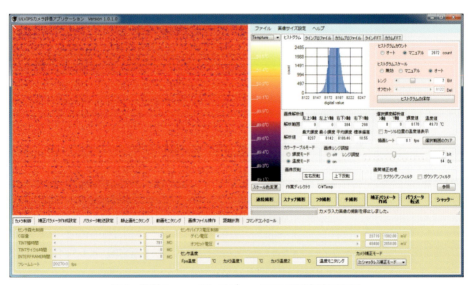

図2　弊社シャッタレスビューアでの測定時の画面

いため正確な温度測定が可能である。また、黒アルマイト加工したアルミ板を室内に放置すると気温とほぼ同じになる。この黒アルマイトも放射率が95％と高いため、カメラの評価治具として使用可能である。最近では、温度精度項目のないカメラも多く出てきているがこれは、監視用カメラで温度測定を目的に作られていないことが多い。

遠赤外線カメラは、周辺温度変化により正確な温度やNETDが悪くなる現象がある。われわれは、直線性試験を全カメラで行っている。これは、カメラの周囲温度を変化させ、ターゲット温度が正確な温度表示を行っているか、NETDは悪くなっていないかテストを行っている（**図3**、**4**）。カメラの周辺温度が低下するとNETDが悪くなることがわかっている。また、ターゲット温度が低いと放射エネルギー量が低下するためNETDが悪くなる。一般的に、0℃以下の温度を正確に測れるサーモグラフィカメラは少ない。

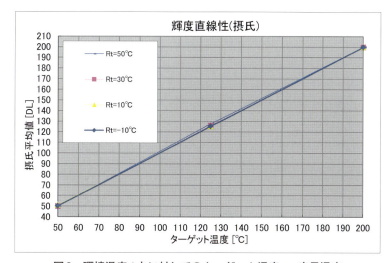

図3　環境温度4点に対してのターゲット温度 vs 表示温度

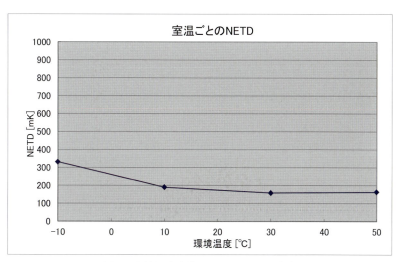

図4　環境温度変化によるNETDの変化

近赤外線カメラ

近赤外線カメラは、量子型センサの中でも常温に近い温度で動作し、使い勝手のよい赤外線カメラである。最近では、安いセンサが市場に出てきており、カメラの価格も低下している。しかし、カメラメーカからユーザに提供しているカメラの仕様が少なく、ユーザが少ない情報でカメラを選択するため、本来必要とする仕様ではなく満足しないカメラの選択を行っている場合が少なくない。

近赤外線センサの各メーカ別のホームページ上のカタログスペックを比較すると、各社のセンサで大きな違いが見受けられる(**表2**)。

表2の仕様の中で、カメラの感度性能を左右するのが、感度波長範囲、QE、Dark Curren(暗電流)、FullWell Capacity(飽和電荷容量)である。FullWell Capacityは、センサ内にあるコンデンサの容量で、露光時間中のInGaAsダイオードから出力される電子を蓄える容量のことである。この容量が小さい程、少ない電子を電圧変換できるため高感度なセンサと言える。QEは、赤外線光を入射した時に、どれだけ電子に変換できるかの効率である。入射フォトン1個に対して電子1個を変換できれば100%となる。暗電流は、センサにまったく光が入っていなくてもInGaAsのダイオードに逆電圧をバイアスかけるため自由電子などの小数キャリアによって流れる電流のことである。この電流が大きいとカメラ露光時間を長くするとFullWell Capacityの容量を食いつぶして感度の悪いセンサとなる。1Aの電流の1秒間に流れる電子の数は、$6.25×10^{18}$の数になる。SCDのセンサの暗電流：2FA＝12,500個/秒の電子の数になる。FullWellの容量を満たすまでの時間は、0.96sとなる。露光時間は、この値の半分以下でなければ、カメラとして成立しない。暗電流以外にROIC(読み出し回路のノイズ)やカメラ側のノイズが発生するためこの値以上に悪くなる(**表3**)(**図5**)。

この近赤外線センサは、TEC(Thermo Electric

表2 各社センサの比較

センサ型番(名)	Cardinal640	SNAKE	G13393-0909W
メーカ名	SCD	Sofradir	浜松ホトニクス
画素数	640×512	640×512	640×512
ピクセルサイズ	15×15um	15×15um	20×20um
感度波長範囲	0.6-1.7um	1.0-1.6um	0.95-1.7um
感度波長グラフ(QE) 浜松ホトニクスのみ 受光感度	(グラフ)	(グラフ)	(グラフ)
Dark Current	<2fA @280K	<30fA@0.2Vdetector bias	500fA(Typ) 2,500fA(Max)
FullWell Capacity	High:12Ke- Low:600Ke-	Gain0:43Ke- Gain1:120Ke- Gain2:1440Ke-	1100Ke-
Pixel Operability	>99.5%	>99.7%	>99.63%
MAX Frame rate	350 Frame/s	300 Frame/s	62 Frame/s

表3　計算上の最長露光時間の比較

センサ名	Cardinal640	SNAKE	G13393-0909W
平均QE	62%	47%	47%
最長露光時間	High：480ms （FullWell100%＝960ms） Low：24,000ms （FullWell100%＝48000ms）	Gain0：115ms （FullWell100%＝230ms） Gain1：320ms （FullWell100%＝640ms） Gain2：3.84000ms （FullWell100%＝76,800ms）	176ms （FullWell100%＝352ms）

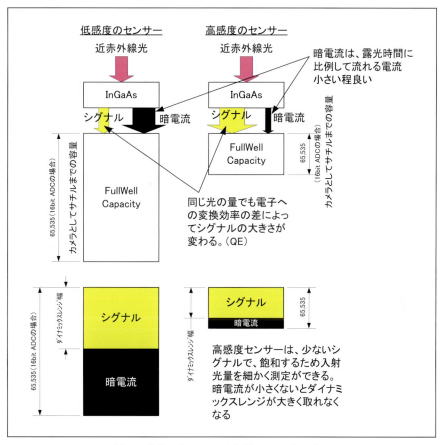

図5　感度の高いセンサと低いセンサの違い

Cooler）と呼ばれるペルチェ素子が内蔵されていることが普通であったが、最近では、このTECが内蔵されないセンサも販売されるようになった。センサFPA温度が変化すると暗電流やQEの特性が変化するためカメラ側で、その制御を行うことが必要となる。この技術は、遠赤外線カメラの補正技術に似ており弊社もこの技術を近赤外線TEC-Lessカメラに内蔵する作業を行っている。

赤外線カメラの紹介

表4に遠赤外線カメラを**表5**に近赤外線カメラのラインナップを示す。

赤外線カメラ／赤外線応用

表4　遠赤外線カメラ

型番	VIM-M80	VIM-384G2	VIM-640G2	ULVIPS-PICO1024
写真				
画素数	80×80	384×288	640×480	1,024×768
センサNETD	＜100mK	＜60mK	＜50mK	＜50mK
フレームレート	50FPS	30FPS	30FPS	30FPS
インタフェイス	Ethernet USB NTSC CameraLink	Ethernet USB NTSC CameraLink	Ethernet USB NTSC CameraLink	CameraLink HD-SDI

表5　近赤外線カメラ

型番	NIRCam-640HS	NIRCam-640SN	NIRCam-320EX	NIRLine-2K NIRLine-1K
写真				
画素数	640×512	640×512	320×256	2,048×1、1,024×1
暗電流	2FA	30FA		500pF
感度波長	0.6um〜1.7um	1.0um〜1.6um	1.0um〜2.35um	0.9um〜1.7um
FullWell Capacity	High:12Ke- Low:600Ke-	Gain0:43Ke- Gain1:120Ke- Gain2:1440Ke-		62Ke-〜10,000Ke-
フレームレート	200FPS	98FPS	350FPS	1K:40KHz 2K:10KHz
インタフェイス	CameraLink	CameraLink	CameraLink	CameraLink

参考サイト

■ SCDホームページ：

http://www.scd.co.il/http-www.scd.co.il-InGaAs-Line

■ Sofradirホームページ：

http://www.sofradir.com/product/snake-sw/

■ 浜松ホトニクスホームページ：

https://www.hamamatsu.com/jp/ja/product/category/3100/4005/4208/4125/G13393-0909W/index.html

☆株式会社ビジョンセンシング
TEL. 06-4800-0151
E-mail：info@vision-sensing.jp
http://www.vision-sensing.jp/

赤外線カメラ／赤外線応用

FLIR社製世界最小 VGA遠赤外線センサ「Boson 640」

フリアーシステムズジャパン株式会社
花﨑勝彦

2017年に発表されたFLIRの12μmプロセスによるQVGA赤外線センサBoson 320に続き、640×512のVGAクラスの解像度をもつ「Boson 640」(図1)が2018年いよいよ市場に投入される。
今後飛躍的な広がりが期待されるオートモーティブ、ドローン、セキュリティカメラ、FA市場に向け、サーマルの大本命が登場する。

図1 「Boson 640」

世界最小サイズ

FLIR社の遠赤外線センサは、半導体プロセスの上にマイクロボロメータ(VOx)と称される素材をベースにしたMEMS技術にて構成されており、非冷却方式にもかかわらず、出力誤差50mKという高性能を確保している。かつては38μmのマイクロボロメータ製造プロセスから始まり、25μm、17μmと進化し、今回はついに12μmプロセスに到達した。

センサが収納されている筐体は、なんと21×21×20mmという驚異的なサイズに納められており、間違いなく世界最小サイズでありCMOSセンサと同等と言っても過言ではない。加えてこのボディサイズは、QVGAとVGA製品共通となっており、レンズを除きセンサ、シャッタ、画処理ISPなど必要な機能がすべて集約されての結果である。

53

赤外線カメラ／赤外線応用

"温度が見える！"サーマル画像の有効性

遠赤外線画像（サーマル画像）には、CMOSセンサによる一般的な可視画像と比較し、いくつかの際立った特徴が存在する。人間の目に見える可視光帯域（1μm以下）とはまった異なる8〜14μmという遠赤外線帯域でセンシングを行うことが大きな特徴である。以下に主な特徴を示す。

- 自然界におけるほぼすべての物体が放射する遠赤外線を検出し、画像化するため可視光帯での暗闇でも物体認識が可能。
- 物体自体が放射する赤外線をセンシングするため、サーマル画像には影という概念自体が存在しない。
- 当然の特性ではあるが、可視光帯域では非常に強い光源である朝日、夕日、対向車のヘッドライトなどの影響をまったく受けない。
- 霧、雨、雪などの自然環境の変化に影響を受けにくく、煙や水蒸気の中でもしっかりとしたセンシングが可能。
- 遠赤外線はガラスを透過できず、表面で反射してしまう。物性によっては放射率に大きな相違あり。
- 帯域の広い赤外線には、その物性が有する特有の吸収帯が存在することがあるため、ガスなど可視光域では見えない物質を結像できることがある。

上記のような際立つ特性を有した遠赤外線センサが、非常に小さなサイズでかつ廉価に提供されることにより、夜間や逆光環境での問題を抱えている自動運転分野、物理的な重量がそのまま飛行時間に直結し得るドローン分野には直接的なソリューションとなり得る。また、サーモパイル等の任意点でしか観測できなかった産業分野において、アレイサンサの画像情報として得られる面としての温度データは正に"温度が見える"を具現化しており、無限の可能性を秘めていると言える（**図2**）。

図2 撮影例（左：可視画像／右：サーマル画像）

Boson製品概要

以下にBoson 640の基本機能を記述する。

- 製造テクノロジー：非冷却VOxマイクロボロメータ
- Pixel Size：12μm
- 解像度：640×512
- 赤外線帯域：8～14μm
- フレームレート：60Hzまたは30Hz
- 出力誤差：50mK以下（P-Grade）
- NUC：シャッタ付きFFC、SSN等
- ビデオ出力：CMOSまたはUSB2
- 入力電圧：3.3V
- 動作温度：－40～＋80度

図3にコントロール信号の入出力ブロック図を示す。基本的にはCMOSレベルのデジタル画像出力であるため、一般的な汎用ビデオポートとの接続が可能。キャリブレーションには不可欠なシャッタも内部搭載。SPIやI2C等の外部コントロール信号を有しており、複雑な機能の操作にも十分対応可能。

また、オートモーティブ業界に向けては、USBCだけではなくGMSLインタフェイスの出力を有したオプションも準備しているため、ディープラーニングで最も有力視されているNVIDIA社のIPX等へ直接接続も可能。

レンズ・ラインナップ

それぞれのアプリケーションを意識し、レンズなしのセンサボディのみのオプションをはじめに、幅広い画角のレンズオプションを準備（**図4**）。汎用性の高さでいえば広角の95度、オートモーティブ関連では、32度か50度、セキュリティカメラ用の遠方監視には高価であるが8度、6度というオプションが適している。

レンズなしのオプションは、顧客のカスタム・レンズに対応する選択肢であり、Boson評価サンプルに同時梱包されるGUIとSDKに個別キャリブレーションの機能を有する。

外部のレンズメーカからも、赤外線センサに特化したレンズがすでにラインナップされており、今後の需要の高まりを期待してか魚眼レンズやズームレンズなど機能性の高いレンズも予定されている。

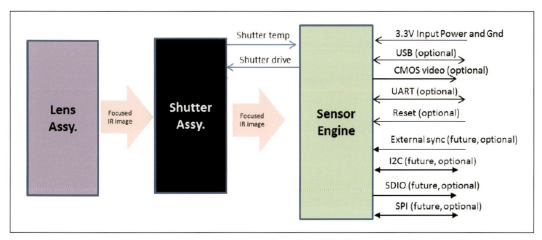

図3　入出力ブロック図

赤外線カメラ／赤外線応用

図4　レンズラインナップ

図5　「SKY-Scouter2」ハンズフリーサーマル

開発例：「SKY-Scouter2」ハンズフリーサーマル

　DJI社のドローンの代理店を柱に積極的にビジネスの展開を図っているスカイロボット社（東京都銀座）の手により、この超小型遠赤外線センサのBosonをハンズフリーのヘッドセットに組み込むという開発例を紹介する（**図5**）。

　ハンズフリー機能は是非体験して欲しい、考えるよりも直感的に感じられる機能と言える。このシステムは、帽子やヘルメットの上から装着することで、装着者の両手を完全にフリーにしながらも、夜間の侵入者や動物など恒温動物を的確に認識できるだけでなく、周りとの温物差の大きな箇

表1 「SKY-Scouter2」主な仕様

ヘッドディスプレイ形式	単眼（左目）
外形寸法	【ヘッドディスプレイ】 266mm（H）×186mm（W）×28mm（D） 【コントロールボックス】 56.3mm（H）×35.5mm（W）×12.6mm（D）
重量	約170g（ヘッドディスプレイ一式、コントロールボックス、ケーブル合計）
入力	【インタフェイス】 HDMI（HDCP対応） 【HDMI入力解像度】 1,287×720ピクセル
表示性能	【表示解像度】 720p（1,280×720ピクセル） 【アスペクト比】 16：9 【焦点距離調整範囲】 30cm以上〜無限遠 【カラー】 フルカラー 1,677万色 【カラーフォーマット】 24ビットRGB
電源方式	市販品のUSBモバイルバッテリから給電
外部電源入力	電圧DC5V（5％）、電流0.5A
外部電源インタフェイス	USB2.0マイクロBタイプ

所の認識が容易なため、施設内外のパトロールに最適な機能である。

また、昼夜を問わず、工場やプラント内での製造プロセスを見守る際に、異常個所に発生すると思われる急激な温度変化を速やかに発見できる。これは装着の仕方を工夫すれば、装着者の意思にも関与せずその施設内で移動する人間、ペット、動物ですらその環境異常を迅速に感知するシステムに組み込める可能性を示唆する。

スカイロボット社によると、2018年8月には評価サンプルとしてのSky-Scouter2がリリース予定とのことである。表1にSKY-Scouter2の主な仕様を示す。

まとめ

FLIR社の遠赤外線センサは半導体プロセスとMEMS技術の複合であるため、大量生産による量産効果は間違いなく期待できる。つまり世の中に浸透すればするほど低価格になる可能性が高いと言える。オートモーティブ関連の自動走行システムなどの採用による爆発的な数量の伸びは勿論大いに期待されるところではあるが、少し時間が必要である可能性は否めない。それまでにドローンやFA業界での普及により、遠赤外線センサの活躍の場が広がることが望まれる。

"温度が見える"機能は使い方によっては、事故や不具合を未然に防げるだけではなく、人々の生活に寄り添いながらもそれを豊かにできる親和性を有していると信じる。

遠赤外線センサを手にとって、その"温度が見える"すばらしい特性をぜひ直接感じていただきたい。

☆フリアーシステムズジャパン株式会社
TEL．03-6721-6648
E-mail：info@flir.jp
http://www.flir.jp

赤外線カメラ／赤外線応用

車載用遠赤外線カメラシステム

株式会社JVCケンウッド
オートモーティブ分野 技術本部　横井　暁／大塚武夫／高橋　潤

遠赤外線（FIR:Far Infrared Rays）カメラは、物体から放射される遠赤外線を映像化できることから、光源に左右されることなく夜間の遠方撮影や画像認識が可能となる。自動運転おけるセンシングデバイスとして、ほかにはない重要な性能をもつため、今後の自動運転センシング技術として注目されている。
本稿では自社で開発した車載用FIRカメラシステムの優位性や開発経緯について紹介する。

車載用FIRカメラシステムについて

JVCケンウッドは古くからオーディオ＆ヴィジュアル、ビデオカメラを軸としたAV機器メーカであるが、自動車搭載機器の市場拡大により、カーオーディオはもちろん、ナビゲーションやドライブレコーダなどの車載機器の販売も伸びている。なかでもドライブレコーダは、昨今の安心・安全志向の高まりや外的要因からの保護需要などから急速に市場拡大している。そのドライブレコーダにおいて重要な技術となるカメラ映像技術は、ビデオカメラで培った映像技術が核となり、映像の視認性や証拠能力の高さで高評価を得ている。
その映像技術を最大限活かし、FIRカメラ開発と画像認識技術の相互開発により他社にない車載用FIRカメラシステムの構築を目指し、開発を行っている（**図1**）。

図1　FIRカメラシステム全体図

開発目標と特徴

1）高性能画像認識システム技術
車載用FIRカメラシステムとして最も有効な機能である夜間の人物認識を高次元で実現するために、認識アルゴリズムの開発と並行して高画質カメラユニットの開発を行った。この2つの技術は

互いの性能との関係性が深く、相互に開発することで大きな開発効果をもつ。特に一番の特徴であるヘッドライトの届かない遠方の人物を早期に認識して警告することについて、各々開発レベルを高めることで100mを超える遠方認識が可能となった（**図2**）。また、開発した認識アルゴリズムは検出用の辞書を切り替えることにより動物認識にも使用可能、人物と動物の異なる対象物を1つのアルゴリズムで検出を行うことが可能である。

2）小型、低コストと車載用途信頼性確保

現在市場に出ている車載用FIRカメラは30万円を超える価格設定となり、一部のハイエンドクラスの車両にしか設定されていない。また、外形も大きく搭載自由度を奪うことにもつながり、普及の妨げの一因となっている。

FIRカメラ本体は遠赤外線の特性によりフロントガラスを透過しないため、車載用途においては室内ではなくフロントグリルなどの車外に搭載される。そのため雨・雪にさらされることはもちろん、砂利などの飛来物に対しても耐久性が必要となる。通常、遠赤外線の透過率が高いゲルマニウムなどの高価な保護窓により信頼性を確保するが、専用レンズを開発することにより信頼性を確保し保護窓を除去、小型化と同時に低コストを実現した（**図3**）。

画像認識システムについても専用のCPUやGPUを必要としない軽量アルゴリズムの開発により、1つの汎用CPUにカメラシステムと認識システムとを同時に実装が可能となり、高価な専用CPUを使用することなく認識システムが搭載できるため、ECUシステムの簡略化と低コストを実現した。

FIRカメラのユーザメリット

1）市街地

夜間における歩行者の死亡事故率は昼間の約2.5倍となり、その多くは市街地で発生している。歩行者が多いのは当然として、なぜ街灯など明るい場所でも事故が起きるのか？　その一因は照明が生み出すコントラスト差にあるといえる。**図4**、**5**に市街地のシーンにおける例を示す。各被写体の輝度は次のとおり。

- 人　：2cd/m² 以下
- 道路：2cd/m²
- 看板：300cd/m²
- 街灯：3,000cd/m²

人間の目は感じられる光の範囲が120dBといわれ、たとえば同じ視界にある輝度1cd〜100万cdの物まで見えているということになる。**図4**、

図2　距離100m人物認識

図3　従来品と本開発品カメラユニット

5のシーンでは視界の中に街灯、看板、歩行者などが入っているが、それぞれの輝度差は認識できないほど大きなものではない。

しかし、運転者はより明るいものに注意が向いてしまう傾向があり、黒い服と白い服では識別度合が違うのと同じように、ほかに明かりがあると逆に認識されないシーンが多々ある。看板や街灯など他の明かりに注意が向き暗い歩行者の発見が遅れる、明るい交差点を曲がった先の暗い道にいた歩行者の発見が遅れるなど事故の要因となる。このようなシーンでも、FIRカメラは周辺光源に左右されることなく人物を認識、運転者への警告を行うことが可能となる(**図6**)。

2) ヘッドライトの逆光

次のシーンはヘッドライトの逆光による消失現象である。この現象は、たとえば横断歩道を渡る人物が対向車のヘッドライト付近にいる場合に、ヘッドライトの明かりにより輝度の低い人物が消えてしまう現象をいう。このような場合、可視カメラおよび、近赤外線カメラではヘッドライトの逆光により人物が識別不能となる(**図7**)。しかし、FIRカメラは光の影響を受けないため、対向車のヘッドライトが直射されるシーンでも安定して撮

図4　市街地画像

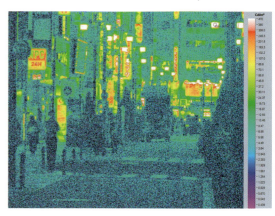

図5　市街地輝度

図6　市街地シーン
(左：可視カメラ画像／右：FIRカメラ画像)

株式会社JVCケンウッド

図7　歩道 可視カメラ映像

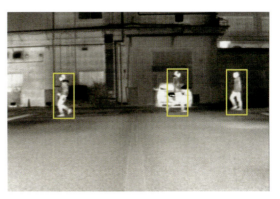

図8　FIRカメラ映像

影が可能となる(**図8**)。つまり、対向車や町中の照明等に影響されることなく、人物など検出が可能である。

以上のように、FIRカメラのユーザメリットは照明のない郊外地などでの人物認識はもちろん、市街地でも発生しうる人身事故に対し、有効な対応手段であるといえる。

開発事例

1）高性能認識アルゴリズム開発

FIRカメラは、言わば熱源より発する赤外光を映像化するものである。被写体の温度差が大きいものはコントラストが高く、温度差の少ないものはコントラストが低くなる。認識性能として危惧されるのが、夏場の体温に近い環境温度になった際のコントラスト低下による認識不能である。**図9**のような人間の体温に近い外気温36～37度の環境においてコントラストがほとんどなくなり、認識不能となる。

この問題に対し、認識アルゴリズムの開発、カメラ画質改善により認識不能温度範囲を狭めることに成功した(**図10**)。認識アルゴリズムは一般的なHOG (Histograms of Oriented Gradients) などの局所的特徴量を用いるのではなく、独自に開発したアルゴリズムを用いることで背景やノイズに強い画像認識システムを実現した。カメラ映像は回路S/N減少、AE制御の細分化、デジタル画像処理の改良によりコントラストの改善を行っ

図9　高温時画像

図10　高温時 対策画像

赤外線カメラ／赤外線応用

た。画像は外気温36度の同じ映像を上記対策を入れることで改善した例で、従来認識できなかったものが識別可能になることがわかる。

2）環境温度による影響

車外に搭載されるFIRカメラ本体は、フロントグリルなど温度変化の多い場所に設置することが多い。ラジエータの熱、直射日光、真冬の冷気にもさらされるため、FIRカメラ本体の温度変化は非常に大きなものとなる。FIRカメラセンサは熱を映し出すものであり、センサ周辺温度にも非常に影響を受けやすい。そのため、センサ、レンズ、外装、基板などの温度変化は、カメラの被写体温度変化の何倍もの出力影響を受けることとなる。さらに、前述のカバーガラスをもたない構造を採用していることで、温度変化の影響を受けやすい。

図11は、カメラ内部温度に対し外気温が高い状態（約40℃）を撮影したものである。周辺の部品から輻射される遠赤外線により、画像周辺部の映像が白くなっていることがわかる。

この問題に対し様々な検討を行い、カメラ全体の構造とレンズ設計を見直すことにより対処することができた。特にレンズは材質や光学設計、レンズボディ機構設計までの最適化が必要となり、構造設計技術はもちろん光学設計技術も必要であるため、レンズメーカの協力も得て解決に至った。

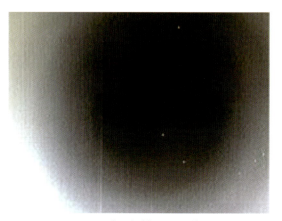

図11　高温輻射による影響

市場動向と今後の開発予定

TSR "Automotive Sensing System Market Analysis 2017"によると、車載用FIR＋NIRカメラは年10％程度の伸びが予測されているが、他の車載センサが20％を超える伸びを見せている中

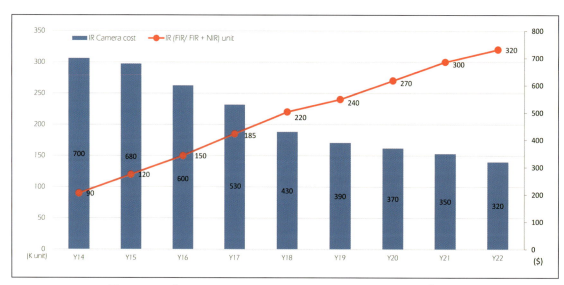

図12　TSR "Automotive Sensing System Market Analysis 2017" data

では普及拡大率は鈍い(**図12**)。

　主な原因は、自動車センシングにおけるセンサ単価はおおよそ100ドルといわれている中で、同リポートによるとFIRカメラ単体での価格は500ドル付近とかなり高価である。加えて、可視カメラの高感度化、アクティブLEDヘッドライトの普及など、夜間でも一定レベルで自動運転に対応できる環境が整い、高価なセンサに投資する必要性が低いためと考える。

　しかし、自動運転機能において他のセンサでは補えない機能をFIRカメラはもっている。光源がまったくない環境でその物体が何か判別できることである。現在の自動運転の主軸が可視カメラによる物体認識であることからも、映像化し認識することは必要不可欠な機能であり、夜間においてもその機能は重要な要素となる。2018年3月Uber社が起こした痛ましい事故などは、FIRカメラがあれば防げた可能性が高い事例となる。自動運転レベルが上がるにつれセンサフュージョンが必要な中、FIRカメラがその一翼を担う可能性は高い。

　こうした状況を打破すべく、今後の自社の車載用FIRカメラ開発は、以下を主軸に開発を行う。

1. 次世代センサレイも含めさらなる低コストと小型システム開発
2. 次世代アルゴリズム開発やセンサフュージョンによる独自アプリケーションの開発
3. ADAS機能におけるユーザビリティの統合開発

　システムコストの削減、高付加価値ソリューション開発を達成し、自動運転における車載デバイスとして、重要な役割を担えるよう開発を進める。

☆株式会社JVCケンウッド
TEL．042-646-6224
E-mail：takahashi.jun39@jvckenwood.com
https://www.jvckenwood.com/

赤外線カメラ／赤外線応用

遠赤外線カメラとディープラーニングを応用し新たなマーケット開拓

BAE Systems
鈴木久之

現在、自動運転およびドライビングアシスタントでは昼夜を問わずあらゆる天候下での安全性の確保が最重要の課題となっている。人間の眼に代わるマシンビジョンを遠赤外線カメラとディープラーニングとの組み合わせにより歩行者や動物の検知能力を飛躍的に向上を計る。その際の遠赤外線のセンサ能力は重要な要素となる。また、その技術を応用して新たなマーケットを開拓を考察する。

はじめに

図1は、真っ暗な夜、郊外の街灯のない道路で70～80m先の歩行者をディープラーニングで検知した図である。まだ、ライブラリの最適化前の形状認識のみでの結果であるが、今後、遠赤（遠赤外線）カメラの温度情報とライブラリの最適化で検知距離はさらに伸ばせる(**図2**)。次に濃霧での試験を示す。一般的に遠赤は水を通らないので不向きであるが、濃霧は視界3mぐらいであり検知確率は下がったが、10～15mまで可能であった(**図3**)。さらに、遠赤は逆光とは無縁であるため、普通の昼間や夜間と変わらず検知が可能であった(**図4**)。

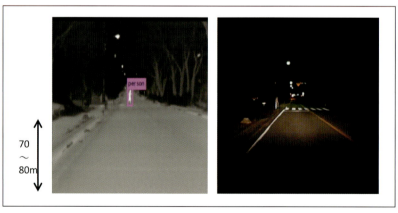

図1　Pedestrian in Night Time（夜間の歩行者検知）
（左：弊社TWV640カメラ／右：フルHD 可視光のアクションカメラ）

BAE Systems

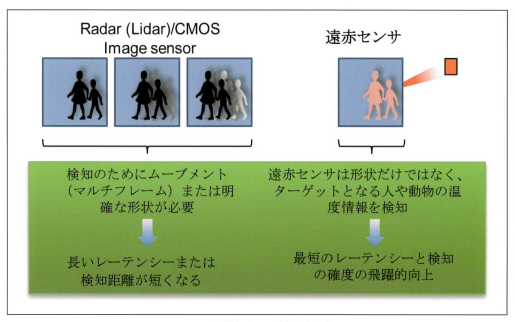

図2　温度情報を用い検知性能向上

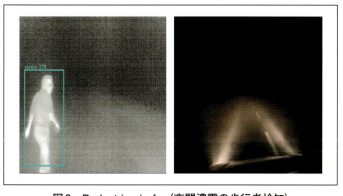

図3　Pedestrian in fog（夜間濃霧の歩行者検知）
（左：弊社TWV640カメラ／右：フルHD 可視光のアクションカメラ）

図4　Back light（逆光）
（左：弊社TWV640カメラ／右：フルHD 可視光のアクションカメラ）

弊社ではNextyエレクトロニクスと共同でディープラーニングを応用して自動車運転の環境下での検知をチェックしてきた。すでに遠赤カメラでのあらゆる天候下でのテストで朝、昼、夜、逆光、霧、雨、雪、トンネル、非常に込み入った街中等で安定したセンシングが可能であったため、ディープラーニングとの組み合わせでどの程度の検知性能を確保できるかテストしてきた。結果として、遠赤の画像はCMOSセンサの画像に近くライブラリ作りが行いやすく、昼夜を問わず同じような画像が出るので扱いやすい。また、人間や動物の温度帯は遠赤の最も感度の高い波長帯にあるのでセンシングしやすいことがわかった。したがってCMOSセンサとの補完が成り立ちフュージョンにはうってつけである。

12ミクロンのVGA60Hz非冷却センサが4年前より量産の主流となっている。業界初の1,920×1,200 60Hz非冷却センサ(**図6**)TWV1912、60Hzで撮影したものですが、手前のラスベガスのビル群および遠くの山々の山肌が見えるほど鮮明写っています。これが7.5μm～13.5μmの遠赤外線をセンシングしたものとは思えない出来栄えである。今年の末に量産出荷される。セルはVGAと同じものを使用し安定している。

図6　世界初の1,920×1,200遠赤外線センサ
写真はSierraOlympic社より提供

弊社の遠赤カメラの沿革

弊社では46ミクロンセルから開発を始め28、17、12ミクロンへと進んでいる(**図5**)。現在、

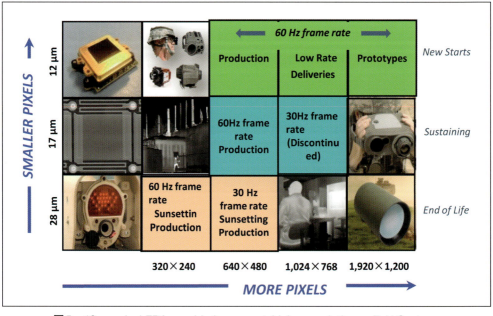

図5　12 μm pixel FPAs enable lower cost, higher resolution or FoV Systems

12ミクロンのセルサイズで最高性能の実現

弊社では遠赤外線センサの性能比較を実施した。まずは、雨の中でのテスト結果であるが、結果は**図7**のとおりだった。TWV640は12μmピッチだが、他社ではまだサンプルもない状況であったため、セル面積が約2倍である17μmのものを使用した。通常、セル面積は性能に寄与するが、TWV640は他社を圧倒する結果となった。空気の澄んだ晴れの日は、差異がほとんどなかったが、雨ではゲインを上げる必要があり、他社のカメラでは、ノイズが発生し画面が見づらくなった。TWV640ではゲインを上げる必要はあるが、ほとんどノイズの発生はなかった。

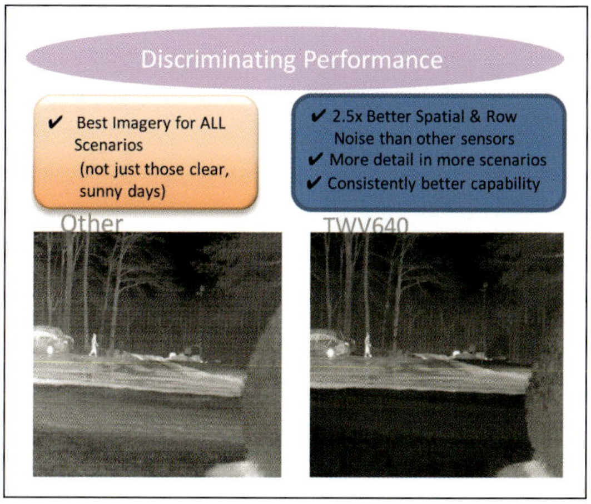

もう少し、詳しいテスト比較をしたのが**図8**である。弊社は12ミクロンのセル、他3社は17ミクロンのセル。マテリアルは、弊社が他2社と同様VOX(酸化バナジウム)のマイクロボロメタで他1社はアモルファスシリコンを使用している。性能指標の1つとなるNETD(感度)をレンズF1.0を用い、TemporalフィルタをON/OFF(オプションがある場合)で測定した。OFFの状態では弊社とA社がそれぞれ35mK、40mK(オプションなし)となった。B社、C社はスペック外となった。ONにした場合、弊社を含む3社が50mK以下でスペック内となり、C社はスペック外だった。また、

図7　雨の中での他社との比較

		TWV640	Competitor A	Competitor B	Competitor C
Format		640 x 480			
Pixel Pitch		12	17	17	17
Bolometer Type		VOx	VOx	VOx	αSi
Sensitivity (NETD, F/1)	Temporal Filtering OFF	35mK	40mK	69mK	93mK
	Temporal Filtering ON	28mK		19mK (artifacts)	
Time Constant (msec)		10ms	15ms	~13ms	12ms
Spatial Noise	Total Noise (mK) (filtering ON)	17	28	43	65
Row Noise		6	16	5	18
Column Noise		3	8	4	23
Other Observations		No Crosstalk, Minimal Burn-in	Crosstalk Across Columns (Horizontal)	No Crosstalk, Minimal Burn-in	Hot Spot "Burn-in"
Overall Assessment		Overall feedback is a well-balanced image suitable best suited for all scenarios	Row Noise Evident, Dynamic imagery Blur due to long time constant. Bright Regions 'bleed' horizontally. Adequate Sensitivity	Pixel Spatial Noise and Coliumn banding are distracting. Spatial noise limits effectivity of temporal noise ISP	Poor Sensitivity performs poorly in non-optimal scenes. High spatial and coliumn noise also distracting

図8　遠赤外線センサの性能比較

Time Constant（熱時定数）はTWV640が最小で60Hz動作に対して、十分に余裕があった。A社の場合、15msと大きく、動作ボケが発生した。ノイズに関しては、TWV640が非常に低く、特に、Spatial NoiseやROW Noiseが約1/2.5と低い。さらに、クロストークや焼きつきについても起こりにくく、高い性能を示した。TWV640は12μmでありながら17μmの他社を圧倒した。TWV640はカメラのコンパクト化や将来のコストダウン化を可能にする。

この結果は、弊社の数々の基本特許と技術革新によるものである。**図9**では弊社と他社のセルの画像を比較している。ご覧のとおり弊社のセルは一層MEMS構造で高いFill Factor、熱分離、製造のしやすさ、均一性、スケーラブルであることがわかる。

新たなマーケット開拓

1）自動車マーケット

今日、ドライビングアシスタントおよび自動運転の目覚ましい発展に伴い、昼夜を問わずあらゆる天候の状態での安全性の確保が最重要の課題となっている。特にディープラーニング等のAIシステムにおいては、安全性だけではなく安心が重要な要素となる。そのためには、あらゆる状況下での検知能力の大幅な向上が必要となる。前述したように、弊社では、3年前よりNextyエレクトロニクスの協力を得て、弊社遠赤カメラとディープラーニングでいろいろな天候、昼夜、逆光等で実験繰り返し遠赤カメラの優位性を実証してきた。最近では、カメラ単体からディープラーニングの組み合わせおよび各種センサとのフュージョン、ステレオカメラなど1テストカーあたり7台の遠赤カメラを使う研究もスタートしている。

2）建機、農機マーケット

建機、農業のマーケットでは、みちびき等のGPSを使い24時間運転が技術的に可能になってきている。ただし、安全性が確保できなければ実用化が難しい。このマーケットでは天候、昼夜、逆光のほか粉塵の中で人間や動物を検知する必要がある。遠赤カメラは粉塵や煙には非常に強く長い距離で検知が可能となる。

3）セキュリティマーケット

遠赤カメラは、24時間監視の必要なところやクリティカルファシリティで使われてきた。今後、ディープラーニングとの組み合わせにより人間の

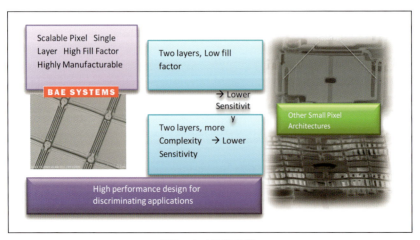

図9　セル画像比較

介在なしにアクティブに使うことができ、テロ対策、密漁監視、密輸監視、沿岸監視、河川監視、火山監視、ドローン監視などますます重要性が高まっている。

4）ロボットマーケット

ロボットは、自動車、建機、農機での遠赤のファンクションに加え、正確な位置制御が必要となる。県境はまだ始まったばかりで、今後に期待したい。

5）インダストリアルマーケット

遠赤カメラはサーモグラフィとして使えるので、熱管理用途には重要な役割を担う。今後、めがね型のディスプレイからARディスプレイの普及により各種工程管理や保守管理分野に広がりを見せている。さらに、パルス熱伝播を応用して非破壊検査（金属疲労、ウェルディング等）応用されつつある。

さいごに

シャッタレスのアルゴリズムの重要性が増しているため、より機能性能を高めるためには、既存の延長上ではなくイノベーションが必要となる。

今後は、弊社のだけでなく、他社との協業を含め開発していく所存である。

☆BAE Systems
　TEL. +1(800)325-6975
　E-mail：cams.sales@baesystems.com
　https://www.baesystems.com/

赤外線カメラ／赤外線応用

機能アップした赤外線サーモグラフィとその応用

株式会社チノー

清水孝雄

近年、特に安心、安全、環境・省エネ等での計測用センシング技術として、設備の保全用や省エネに関連するエネルギー監視用途に、面で温度と熱分布が測定できる赤外線サーモグラフィによる測定のニーズが増えている。また、社会状況や多点計測の観点から、センサの低価格、小形化も一層求められている。チノーでは、従来機に対して性能、機能のアップと小形化を図ったシャッタレスの赤外線サーモグラフィである熱画像計測装置「CPA-L4」を開発した。また、サーモパイル形の熱画像素子を搭載した小形熱画像センサによる見守り監視へ分野での適用試験を行った。
本稿ではこれらの概要について紹介する。

シャッタレス熱画像計測装置「CPA-L4」

固定形熱画像計測装置のラインナップ拡充として開発したシャッタレス熱画像計測装置「CPA-L4」の外観を**図1**に示す。当社の従来機の「CPA-L2」では、周囲温度の変化に対する素子出力ドリフトの補正用として、メカニカルシャッタを使用していたが、これをなくすことで、周囲温度の変化に応じてシャッタが閉まることで発生する約1秒の計測不能なタイミングを排し連続した切れ目ない計測を可能とした。

製品概要とモデル構成

熱画像計測装置「CPA-L4」は、視野角(水平方向):25°/50°、温度レンジ:-20〜150℃/0〜300℃/0〜500℃をユーザ選択にし、さらに使用頻度の少ない焦点調整の電動リモート機能などの一部機能を非搭載とすることで、小形化とコスト低減を図り、より手軽に現場にて使用できる装置

図1　熱画像計測装置「CPA-L4」

である。

主な仕様を**表1**に示す。さらに、シリーズ化を進めている警報・映像出力つきモデルを選択することで、簡単・低コストにシステムを構築できる。

また、**表1**の仕様以外の視野角（水平方向）：12°、70°、90°、高温対応：500〜2,000℃や焦点調整の電動リモート機能を搭載したモデルは、従来モデルの熱画像計測装置「CPA-L3」に用意されている。

図2は、この警報・映像出力つきモデルによる最もベーシックなシステム構成である。この構成で、任意に設定した5エリアの上下限警報の出力が可能である。設定に関しては、カメラ内部にWebサーバを搭載しており、ブラウザ上からソフトレスで、警報の設定、および熱画像の確認が可能である。

カメラ本体の使用可能な周囲温度範囲は、−10〜50℃であるが、**図3**の専用保護ケースを使用することで、周囲温度が90℃の環境下でも使用が可能である。冷却方式は、空冷、水冷を用意し、状況や設備に応じて選択を行う。

表1　固定形熱画像計測装置「CPA-L4」の主な仕様

温度測定レンジ	−20〜150℃ / 0〜300℃ / 0〜500℃（購入時選択）
温度指示精度	測定値の±2%または±2℃のどちらか大きい値
検出素子	非冷却個体撮像素子（320×240画素）
測定波長	8〜14μm
視野角	水平25°×垂直19°/ 水平50°×垂直37°
測定距離	25°:0.3m〜∞ / 50°:0.2m〜∞
フレームレート	60Hz
電源	24V DC（100〜240V AC：専用電源付属）
外形寸法・質量	(L) 110×(W) 100×(H) 85　・1.2kg

図3　専用保護ケース
（左：空冷／右：水冷）

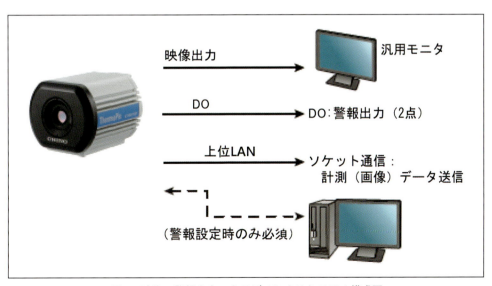

図2　映像・警報出力つきモデルによるシステム構成図

赤外線カメラ／赤外線応用

特長

1）切れ目ない連続計測

図4は、設置場所の室内の空調電源をOFF→ONした際のカメラの室温測定の変化である。グラフ中の縦線は、従来機にて室温の変化に応じてシャッタが閉じるタイミングを表したもので、この間の約1秒が測定不能となる。この特性は、ライン監視など測定対象物が連続して流れる用途においては、問題となることがある。今回、熱画像計測装置「CPA-L4」ではシャッタレス構造を採用して、計測不能となるタイミングを排し、この問題を解決した。シャッタレス構造を実現するにあたり、キーとなるポイントは再現性の高い赤外線撮像素子の採用と次項で説明する補正精度を高めた周囲温度補償である。

2）優れた周囲温度特性（温度ドリフト特性）

カメラ内部の赤外レンズ、赤外線撮像素子、放熱板の各所に配した温度センサの情報をもとに、シャッタレス周囲温度補償アルゴリズムを開発した。この補正演算により、周囲温度変化に対する安定性を高めることができ、周囲温度が大きく変化する環境下でも使用ができる。さらに、周囲温度が90℃以上の過酷な周囲温度下でも、専用の保護ケースを使用することで、カメラ本体の周囲温度を50℃以下に保つことができ、安定した測定が可能である。

具体的な周囲温度特性の性能として、カメラ本体の周囲温度が−10℃〜50℃に変化した際のカメラの指示変動を図5に示す。周囲温度：20℃を基準として、中央だけでなく測定視野の四隅でも±1.0℃以下である。また、図6に示すように、カメラが設置している周囲温度の急変に対しても、優れた補正性能を有している。恒温槽内にて、強制的に冷却、加熱を行い、急激にカメラの周囲温

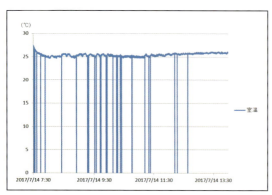

図4　室温―シャッタ（閉）

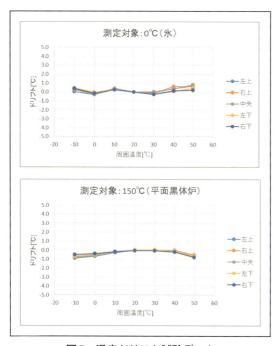

図5　温度ドリフト試験データ

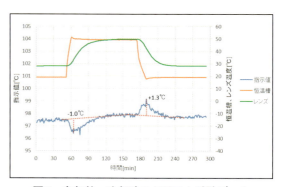

図6　急加熱・冷却時のドリフト試験データ

度を20→50℃、50→20℃と変化させたときの最大の指示変動は、それぞれ、−1.0℃と1.3℃である。

熱画像計測装置での応用例

1）カメラ本体のみでの構築例
①広域発熱監視

図7は、ゴミやリサイクル燃料などの処理プラントにおける貯蔵ヤード表面の発熱監視の例である。熱画像は広範囲に表面温度を捉えることが可能であり、発火前に発熱を見つけることが可能となる。この例では、熱画像に任意設定した計測エリアの最高温度を警報判定し、接点出力を行う。

②プラント異常発熱監視

工場プラント設備では、異常発熱が大きな事故に結びつく場合がある。異常発熱がどこに発生するか特定できないケースでは、エリアを分割し、監視することで検出が可能である。分割したエリアごとに上限警報温度を設定し、設備ごとに異なる許容温度に対応して検出を行う。**図8**にこのシステム構成を示す。

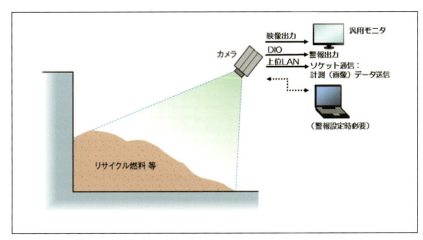

図7　広域発熱監視

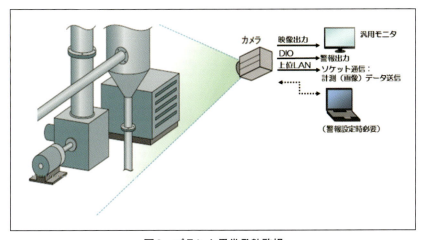

図8　プラント異常発熱監視

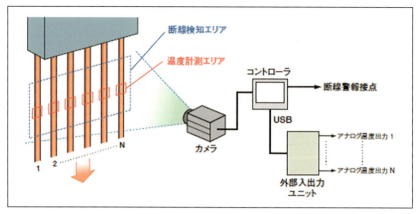

図9　ストランド断線判定

2）コントローラと組合せた例

　熱画像計測装置専用のコントローラユニット（CPG-GMP2L）と組み合わせることで、フィルタ、エッジ検出、2値化などの画像処理と、任意に入力可能な演算式を組み合せた熱画像判定システムが構築可能である。

　図9は、加熱成形され、棒状になった対象物の温度を計測するとともに、いずれかで断線が生じた場合に警報出力を行うシステムである。温度は棒状の対象物ごとに設定した計測エリアの最高温度をコントローラに表示するとともに、外部へ連続アナログ信号を出力可能である。また、全体を覆う計測エリアを設定し、エリア内を任意設定温度で2値化し、粒子解析機能を用いることで断線判別を行う。

小形熱画像センサによる安心・安全分野での応用

　小形熱画像センサは2,000画素の熱画像素子を搭載し、防塵・防滴構造を備えた現場設置形のサーモグラフィである。その小形、軽量、ネットワーク対応などの特長を活かし、熱画像での温度異常監視の連続測定や多点温度計測などの用途に使用されている。また、赤外線サーモグラフィは、非接触で熱画像を測定できることや可視カメラでは問題となるプライバシー保護ができることなどの特長があり、人体検知への利用や新型インフルエンザ感染等の拡大懸念に対応するセンサへの社会的な要請に応えることができる。

　幼児や高齢者、介護者などの見守りのセンサとして、熱画像センサを用いた研究が行われている。熱画像を用いる理由は、可視カメラでは、このような場所ではプライバシーの問題があり、また対象者からの放射されるエネルギーを非接触にて測定するため、まったくの暗闇でも人体を測定でき、人体への影響も考慮する必要がないためである。**図10**のように、ベット、トイレやお風呂などに熱画像センサを設置して、異常状態を検知すると管理

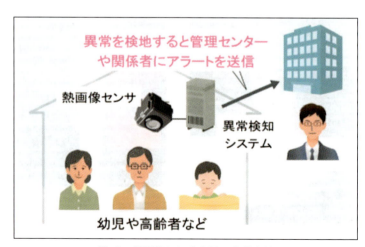

図10　熱画像センサを用いた見守り

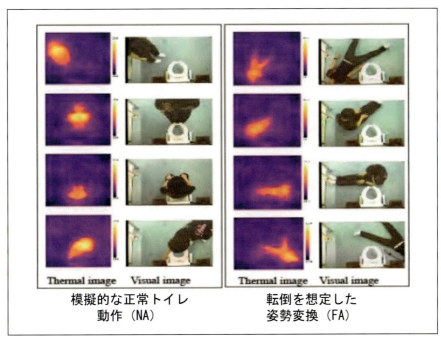

図11 熱画像センサを用いた介護者用トイレでの看視実験

センターや病院であればナースステーションあるいは関係の人に無線でアラートを送信する。

図11は熱画像センサを用いた介護者用のトイレでの看視の実験の例である。熱画像センサをトイレに設置して、正常動作と転倒など普段見られない異常動作の熱画像を解析して、判別分析の検知アルゴリズムを作成している。これを実験結果に適用したところ異常（転倒）パターンの判別率は97.8%であった。さらに、現在、実際の病院でのデータを蓄積して、機械学習によるアルゴリズムを開発して検知精度を上げるべき試験を実施している。

している。今後、この演算能力をフルに活用して、従来、コントローラによる画像処理が必要であった用途に対しても、本体にて画像処理～警報判定～警報出力の機能を活用した分野に適用していく。また、熱画像データをWebコンテンツに変換し、ワイヤレスでスマートフォンやタブレットなどの汎用端末上に表示する拡張機能も開発中である。今後、安価な小形熱画像センサの活用も含めてIoTシステムでの熱画像による温度分布用のセンサとしての活用を拡大していく。

おわりに

今回紹介した熱画像計測装置「CPA-L4」の演算回路には、高速で柔軟性の高いデバイスを採用

☆株式会社チノー
TEL. 0480-23-2511
E-mail : shimizu-ta@chino.co.jp
https://www.chino.co.jp/

赤外線カメラ／赤外線応用

赤外線サーモグラフィのアプリケーションへの対応とセンサの波長特性ならびに画像処理技術の応用

日本アビオニクス株式会社

木村彰一／丹治栄二郎

非冷却型赤外線サーモカメラは、その利便性と高性能化、低価格化により、様々な分野での利用が拡大している。しかしながら、非冷却2次元赤外線センサ（UFPA）の性能の限界から、適用できるアプリケーションに制約が生じている。この課題に対し、UFPAの波長特性や画像処理技術を活用した応用により、非冷却型赤外線サーモカメラの性能を向上させ、アプリケーション適用範囲を広げた。

はじめに

近年、非冷却2次元赤外線センサ（UFPA）は、MEMS技術の向上などにより、狭ピッチ・多画素化、高性能化、低価格化が進んでいる。その恩恵を受け、赤外線サーモグラフィカメラ（以下、サーモカメラ）も高性能化・低価格化が進み、様々な分野で利用が拡大するとともにニーズも多様化している。わが国では、主に研究・開発分野での利用を中心に発展してきたが、近年では、工場のプラント設備や建築物・道路などのインフラ維持管理、感染症による発熱者のスクリーニングなど、社会の安心・安全を守るための検査装置としても大きな注目を浴びている。

このように、様々な分野で利用が拡大しているサーモカメラだが、一方でUFPAの性能（応答速度、感度、素子ピッチ／画素数）の限界から適用できるアプリケーションに制約が生じている。これに対し、当社は画像処理技術を活用することでUFPAの性能限界を超えた熱画像を得ることに成功し、アプリケーションに適用している。また、短波長領域にまで感度のある国産センサの特性を活かし、従来冷却型赤外線カメラで実施していた火炎越し計測を非冷却型赤外線カメラで実現した。

本稿では、アプリケーション要求に対するサーモカメラの課題とその課題を解決する技術を中心に紹介する。

プラント設備診断の維持管理

1）プラント設備の老朽化

日本では高度経済成長期時代に建造されたインフラや工場設備の劣化・老朽化が急速に進行しており、これに対する維持管理や安全性の確保が大きな課題となっている。特に、老朽化や複雑化が進んだ発電所や工場プラントなどにおける重大な

図1 危険物施設における火災および流出事故発生件数の推移

事故が増加の傾向にあり、危惧されている。消防庁の「平成27年度中の危険物に係る事故の概要」(**図1**)によれば、前年に比べ事故発生件数は減少するも、過去15年間は500件以上あり依然として高い水準で推移している[1]。特に石油化学プラントでの重大事故が多発している背景として、2007年問題などで熟練者が大量離脱したことによる技術伝承の不足、業務のアウトソーシングに起因する現場力の低下、設備やシステムの複雑化と老朽化などが挙げられている[2]。

2) 状態監視による予防保全

近年、工場の設備保全において予知保全の考えから「状態監視」が重要視されている。「状態監視」では、計測器などを使って稼働中の設備の健全性を定量的にチェックし、設備異常の予知や異常個所の特定を行う。これにより、生産ラインや設備の稼働を確保でき、分解点検の際に作業者のミスで設備を壊してしまう「いじり壊し」のリスクをなくすことができる。特に機械設備の状態監視では、油・振動・温度の3点に着目して設備の健全性を確認する。サーモカメラでは、「非接触」・「リアルタイム」・「画像化」というメリットを活かし、稼働中の機械や歯車やベアリングをはじめとする回転体等の機械要素に接触することなく安全に、損傷に伴う熱の発生個所を確認することが可能である。

3) 設備診断用モデル「サーモフレックス F50」

「サーモフレックス F50」は、タッチパネル式の「コントローラ」と小型の「カメラヘッド」が脱着できる新しいスタイルのサーモカメラである(**図2**)。「見上げる」「見下ろす」「潜り込む」「取

図2 新しいスタイルのサーモカメラ 「サーモフレックス F50」

赤外線カメラ／赤外線応用

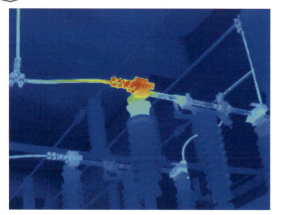

図3　電気設備の異常発熱

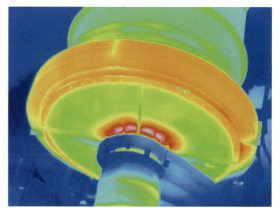

図4　ベアリングなど回転体軸受けの発熱

り付ける」「中に入れる」という自由なスタイルで撮影できるため、複雑に入り組んだプラント設備を隅々まで点検することが可能である。電気設備やケーブルモータ軸受けやベアリングの配管など、稼働中の設備の状態をあらゆるアングルで確認し、従来のサーモカメラでは見えなかったリスクを可視化することができる（**図3、4**）。

以下に、その特長を示す。

● 特長1：脱着機構によるフリーアングル撮影

特許出願中の脱着機構により、カメラヘッドとコントローラが簡単に回転・分離。この構造により、あらゆるアングルでの現場計測が可能となる（**図5、6**）。

● 特長2：フォーカスフリーの広角レンズ

レンズは70°タイプと35°タイプがあり、近距離でも広いエリアを映し出す。狭い通路での配電盤も1画面の撮影で済む（**図7**）。フォーカス調整が不要なため、初心者でも簡単に扱うことができる。

● 特長3：市販アクセサリに取り付けて様々なシーンで活用

カメラヘッドとコントローラに三脚用のネジ穴を備えており、市販のカメラアクセサリと組み合わせることで、ウェアラブルスタイルや棒カメラスタイルなど、様々な使い方が可能となる（**図8**）。

● 特長4：タッチパネルによるかんたん操作

コントローラはタッチパネルを採用しており、温度スケール設定、ズーム表示、可視合成の調整、

図5　下から覗きこんでの撮影

図6　隙間に潜り込ませての撮影

日本アビオニクス株式会社

図7　配電盤を70°広角撮影（可視合成機能を使用）

図8　ウェアラブルスタイル
　　　（三脚ネジ穴で市販アクセサリを活用）

測定オブジェクトの移動などの操作をスマートフォン感覚で直感的に行うことができる（**図9**）。また、記録、温度スケールなど頻度の高い操作はボタンで行うことができ、手袋をしたままでも操作が可能である。

●特長5：防塵・防滴構造、1m落下、耐熱設計
　IP67の防塵・防滴構造と1m落下にも耐える堅牢性により、安心して道具として扱うことができる。ストラップで首から吊り下げることで落下防止になるだけではなく、いつでも両手をフリーにすることができ、他の作業の邪魔にならない（**図10**）。さらに、小型のカメラヘッドは70℃の環境にも耐えるため、設備や恒温槽の中に差し込んでの計測が可能となる。

波長特性や画像処理技術による新たなニーズへの対応

1）燃焼炉内点検のニーズ

　東日本大震災以降、原子力発電所が再稼動できない状況の中、電力メーカは不足している電力を火力発電で補っている。石炭火力のボイラー内は、燃焼によって溶融したクリンカが伝熱管に付着し、効率的な熱交換を妨げるとともに、安全運転の障害となる。稼動率を低下させずに燃焼炉内のクリ

図9　タッチパネルでかんたん操作

図10　首下げで両手フリー　落下の心配もなし

79

ンカの有無や除去効果を確認したいが、火炎の強烈な輝きにより、炉内を直接目視することが困難である[3]。これに対し、3.8μm近辺の波長帯の赤外線は、火炎や燃焼時に生成される炭酸ガス（CO_2）等を透過するので、燃焼炉内を観察することが可能となる。しかし、一般的に普及しているサーモカメラは、測定波長帯が8〜14μmの"非冷却型"センサを搭載しているため、波長特性の不一致により計測できない。3.8μm近辺の赤外線を検出するには、短波長帯に感度をもつ「冷却型」センサを搭載した、高額かつ重量が3kg以上あるサーモカメラを使用する必要があり、メンテナンスに多くの費用や時間が掛かるなど、現場への普及の妨げとなっていた。

2）炎越し計測用モデル「R300BP-TF」

この課題を受けて、当社は短波長帯にまで感度のある「国産非冷却型センサ」の優れた感度特性を活かし、火炎の影響が除去されるバンドパスフィルタを組み合わせて、3.8μm近辺の赤外線を検出することのできる火炎越し計測用サーモカメラ「R300BP-TF」を開発した（**図11**）。**図12**に示すように、火炎から放射される赤外線の中心波長は約4.5μmであるのに対し、約4.0μm以下では炭酸ガスによる赤外線の吸収が小さくなり、火炎の透過率は高くなる。さらに、水蒸気の吸収による赤外線の減衰は3.6μm以下で顕著となるので、波長3.8μm付近の赤外線を選択的に検出することで、火炎あるいは水蒸気の影響を受けることなく、火炎越しに対象物の温度を安定的に計測することが可能となる。本製品は冷却器が不要のためメンテナンスフリーとなり、高額な冷却器の保守費用がゼロに抑えられる。また、高額な冷却型モデルと比較して、価格はおよそ半分となり、ユーザが導入しやすくなった。さらに、質量わずか1.5kgのポータブルタイプで、バッテリ駆動により持ち運んで簡単に撮影することが可能である。これにより、火炎越しで燃焼炉内部の設備診断やクリンカの付着状況確認等を容易に行うことができるようになった。ボイラー内部の可視画像例を**図13**、火炎越し計測用サーモカメラ熱画像例を**図14**に示す。

図11　炎越し測定モデル「R300BP-TF」

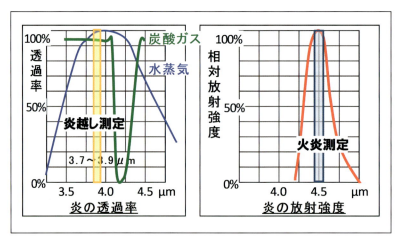

図12　炎越し測定と火炎測定の測定波長

図13　ボイラー内部の可視画像

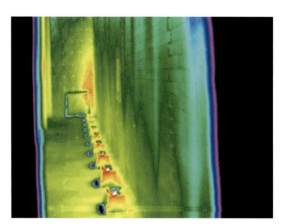

図14　ボイラー内部のサーモカメラ画像

3) 石炭搬送ベルトコンベアにおける発火監視のニーズ

火力発電所では、貯炭場やサイロから石炭を運び出しバンカへ移動させる石炭輸送ベルトコンベアに関する火災が度々発生している。火災検知器には、主に熱感知線（線上での温度を監視する導線式温度検知器）がベルトコンベアの下部に配線されている。局部的な温度上昇により、導線間の短絡が生じ電気抵抗の低下によって検知するものである[3]。しかし、リアルタイムで広範囲の温度分布を監視することはできない。このため、「非接触」・「リアルタイム」・「画像化」ができるサーモカメラによる監視が適している（**図15〜17**）。

4) 『画像流れ補正技術』による温度精度の向上

非冷却型サーモカメラに搭載されているUFPAは、熱時定数により応答速度が決定される。動体を検出する場合、または旋回台で視野を移動する

図15　監視用モデル「TS600」

図16　防爆型設置用モデル「SZ320」

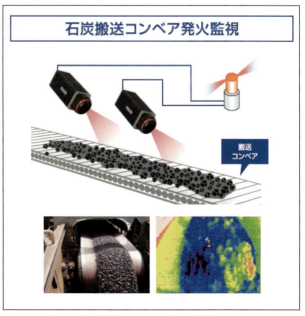

図17　石炭搬送コンベア発火監視システム

シーンで、画像流れが発生し温度を把握することができない実物と異なる形状になり、誤判定が生じるという問題が起こる。当社はこの課題に対し、「画像流れ補正」技術を開発した。

UFPAの出力はセンサ素子の温度上昇量に比例する。温度上昇は熱的な事象であり、熱伝導方程式で定式化される線形な応答である。したがって、ある1つのセンサ素子の出力は、センサ素子のインパルス応答と、センサ素子に入力する赤外線エネルギーの時系列データとの畳み込みで定量化することができる。計測対象の物体が移動する場合、ある時刻、ある素子に入射された赤外線エネルギーは、次の時刻では隣接素子に入射し、さらに次の時刻には2素子離れた素子に入射し、ということが繰り返し生じ、結果的に複数の素子に渡って同一の赤外線エネルギーが入射することとなる。これは線形な事象であるので、センサのインパルス応答に基づいて、複数の素子出力から対象物の赤外線エネルギーを推定することが可能となる。

「画像流れ補正」技術の効果を検証するために、赤外線カメラを1フレームあたり10画素移動する速度で動かしながら、温度97℃の黒体を計測した。**図18**には、参照用として赤外線カメラを静止した状態で計測した結果も示してある。補正未適用の状態では黒体温度が90℃以下となり正確な温度計測が行えず、また、画像流れの影響により左右非対称な温度分布となってしまっていることがわかる。これに対し、「画像流れ補正技術」を適用することにより、静止状態とほぼ同じ計測結果を再現できることが確認できる。

「画像流れ補正」技術は、食品パッケージの接着製造ライン監視（**図19**）、製鉄所のコークス搬送ベルトコンベア監視、車載搭載による監視などといったアプリケーションにも効果を発揮する。

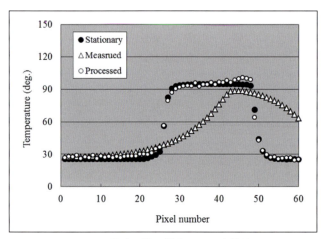

図18　画像流れ補正技術による改善効果

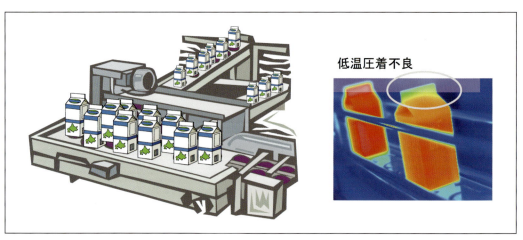

図19　食品パッケージの検査例

日本アビオニクス株式会社

さいごに

　非冷却2次元赤外線センサ（UFPA）の性能限界に関する課題に対して、当社が行ってきた画像処理技術と適用されるアプリケーションについて紹介した。UFPAのさらなる性能向上には未だ時間がかかると考えられている中、画像処理技術によってサーモカメラの性能向上を実現した。

　当社はサーモカメラの開発メーカとして、永年培ってきた赤外線に関する技術力と最先端技術を応用し、新たなアプリケーションの開拓を進めていきたいと考える。

◆ 参考文献

1) 総務省消防庁ホームページ　平成28年度報道発表：
https://www.fdma.go.jp/neuter/topics/houdou/h28/05/280531_houdou_2.pdf
2) 鈴木拓人：化学工場の爆発火災事故の増加とその影響について（NKSJ-RMレポート, Issue69, 2012）SOMPOリスケアマネジメント
http://www.sjnk-rm.co.jp/publications/pdf/r69.pdf
3) 成川公史：石炭火力の付着クリンカ監視技術（中部電力（株）技術開発ニュースNo.155/2016-8.）

☆日本アビオニクス株式会社
　TEL. 03-5436-1371
　E-mail：product-irc@ml.avio.co.jp
　http://www.avio.co.jp/

赤外線カメラ／赤外線応用

ハイエンド冷却型赤外線サーモグラフィと適応事例

株式会社ケン・オートメーション

矢尾板達也

赤外線サーモグラフィの市場規模は簡単な温度管理や監視目的の低価格・低機能のサーモパイルや小型の赤外線カメラ・サーモグラフィの普及により年々拡大している。赤外線サーモグラフィの市場は大きく大別して、赤外線検知素子を冷却しない非冷却赤外線サーモグラフィと赤外線検知素子を冷却する冷却型赤外線サーモグラフィがある。
本稿では、赤外線サーモグラフィの高速化、高画素化、高感度化、特殊な用途のハイエンド冷却型サーモグラフィを紹介する。赤外線サーモグラフィの感度を表すNETDを向上させた高感度赤外線サーモグラフィや、バッテリ駆動で持ち運び可能で特定のガスを検知するガス検知赤外線サーモグラフィもある。

ハイエンド冷却型赤外線サーモグラフィ

冷却型赤外線サーモグラフィの赤外線観測波長域はSWIR（0.8〜2.5μm）、MWIR（3〜5μm）、LWIR（8〜12μm）の帯域があり、赤外線検知素子は電子冷却器で冷却されている。ハイエンド冷却型赤外線サーモグラフィは、320×256画素、640×512画素からさらに高画素の2K×2K画素の4M画素の赤外線サーモグラフィがある。**図1**に1,240×1,024画素の赤外線画像を示す。赤外線高画素化に伴い各画素ピッチが狭くなると、各画素の入射してくる赤外線エネルギー量が少なくなるので取り込み時間を長くする必要があるが、画素ピッチが狭くとも取り込み時間を長くならないように赤外線検知素子の感度向上が図られている。

図1　1,240×1,024画素の赤外線画像

高速赤外線サーモグラフィ

高速赤外線サーモグラフィとして640×512画素で1,000fps、320×240画素で3,300fpsの高速撮影が可能になっている。画素をウィンドウイングすることで、さらなる高速撮影が可能になり、実用上の画像としては64×48画素で47,000fps(温度帯域によって異なる)程度となっている。1秒間に撮影できるフレームレートと温度分解能の向上により、非常に短時間に発生する小さな温度変化が捉えられるようになっている。

1) ミーリング・カッターの切削加工点の温度測定

128×64画素で12,000fpsの撮影速度で、ミーリング・カッターによる機械加工時(**図2**)の赤外線画像を**図3**に示す。ミーリング・カッターは720rpmの速度で回転しており、12,000fpsの撮影速度でカッターの切り込みよって変化するカッター先端の温度変化、切粉の形状や切粉の飛散状態をモニタリングすることができ、高速で移動する測定対象物でも画像が流れることが少なく撮影可能である。ミーリング・カッター先端の温度変化は12,000分の1秒でも大きく変化し、高速サーモグラフィでしか評価できない。ミーリング・カッターの温度表示を正しく表示させるためには、ミーリング・カッターの温度を実際の加工温度まで上昇させて放射率の補正係数を測定する必要がある。ここでは光沢のある素地のタングステンカーバイトとして放射率を0.05としている。

2) ディーゼルエンジンの燃焼試験

図4にディーゼルエンジンの燃焼試験の様子を示す。エンジンのピストンに穴を開けて赤外線を透過するサファイアガラスを埋め込んでいる。ピストンの下には45°の角度で金をコーティングした鏡を置いて、離れた位置に置かれた赤外線サーモグラフィは水平状態に置いてある。赤外線サーモグラフィでは**図5**に示すように赤外線の波長によってスペクトルごとの分析が可能であり、それぞれ特定の赤外線波長だけを透過する赤外線バンドパスフィルタを使用することで、炎越し(TF)、二酸化炭素(CO_2)、炭化水素(HCs)、メタン

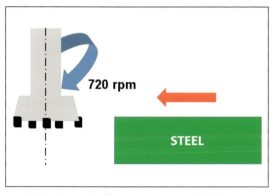

図2 ミーリング・カッターによる切削加工

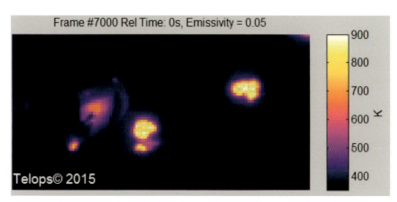

図3 ミーリング・カッターによる切削加工の赤外線画像

赤外線カメラ／赤外線応用

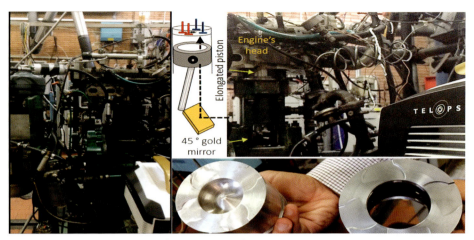

図4　ディーゼルエンジンの燃焼試験の様子

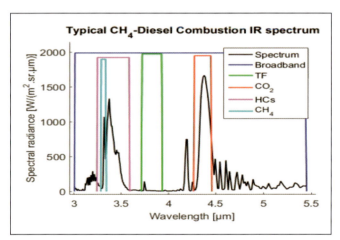

図5　赤外線観測波長域とスペクトル分析フィルタ波長域

（CH_4）といった、それぞれの赤外線画像に分けて画像化（**図6**）することができる。撮影は27,000fpsの速度で、**図7**に時間経過に伴うエンジン・シリンダ内の画像を示す。シリンダ内に燃料が噴射されていく様子や、初期の段階ではメタンや炭化水素がシリンダ内に充填しているが、燃焼後は二酸化炭素に置き換わっていく様子が観察される。

3）エアーバッグの展開試験

　エアーバッグの展開試験の赤外線画像を**図8**に示す。赤外線観測波長域3～5μmの赤外線は、エアーバッグを包むナイロン基布を透過してエアーバッグ内のガスの流れを可視化できる。ガスの流れが可視化できれば、横方向に長く展開されるカーテンエアーバッグや歩行者用エアーバッグのナイロン基布の折りたたみ方、仕切りの位置、ガスが抜けるための穴の位置や形状を適正化にするのに有効である。可視の高速カメラと併せて、高速赤外線サーモグラフィを使用することで破壊の起点、ガスの流れ、温度観察が可能である。ガスの温度の測定は、ガスの濃度、成分、放射率に大きく依存するため、非常に難しい。ガスの温度測定では2波長の赤外線サーモグラフィを使用することがある。

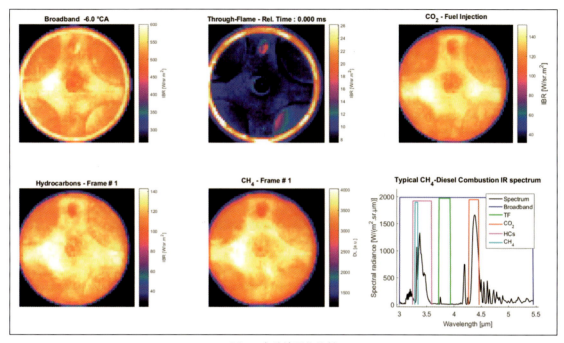

図6　赤外線画像比較
（左上から：波長域全体、炎越し、CO_2、炭化水素、CH_4）

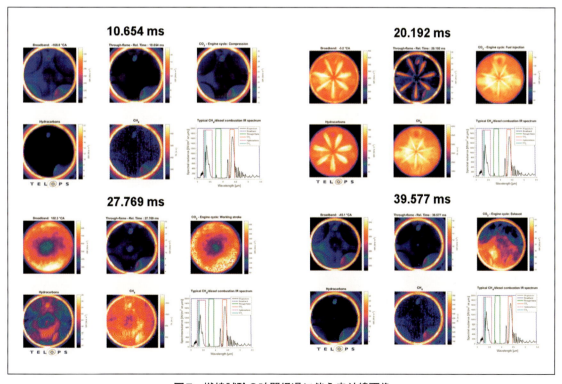

図7　燃焼試験の時間経過に伴う赤外線画像

赤外線カメラ／赤外線応用

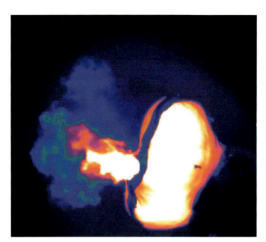

図8　エアーバッグの展開試験赤外線画像

高感度赤外線サーモグラフィ

　ハイエンドで高感度な赤外線サーモグラフィとしては、InSb赤外線検知素子よりも感度が高いMCT赤外線検知素子を使用するケースが多く、MCT赤外線検知素子で問題となるバッドピクセルをリアルタイム補間して、MCT赤外線検知素子特有の非常に高感度な赤外線画像を示している。図9のような大型のズームレンズと組み合わせることで、図10に示すような45〜860mmズームレンズによる月の表面を撮ることができる。

冷却型赤外線サーモグラフィの応用例

　赤外線サーモグラフィは温度分解能が高いことを利用して、赤外線応力測定や赤外線サーモグラフィ非破壊検査として使用されている。図11に自動車ドアの赤外線応力測定画像と、図12に自動車トランクリッド周辺の接着剤の充填状態の非破壊検査の事例を示す。非破壊検査のアプリケーションとしてはインライン全数検査に応じた事例があり、特に自動車部品のクラック検査で、従来は化学薬品を塗布した検査手法から環境対策とし

図9　大型ズームレンズ付き赤外線サーモグラフィ

図10　45〜860mmズームレンズによる月の赤外線画像

て化学薬品を使用しない非破壊検査への置き換えが進んでいる。

多くのプラントや構造物の老朽化や劣化、および熟練作業者の減少に伴い、メンテナンスに掛かる作業の低減および簡素化が求められている。**図13**に示すようなバッテリ駆動で簡単に現場に持ち運べるガス検知用の冷却型赤外線サーモグラフィがある。プラントからの可燃性ガスの漏えいは大規模な事故に発展するケースが多く、ガスの漏えい個所(**図14**)を容易に検出するのに有効である。

おわりに

赤外線サーモグラフィの温度分解能の向上と低価格化によりニーズが格段に広まってきている。赤外線サーモグラフィの温度分解能とPCの演算能力の向上により、短時間に小さな温度変化を捉えることが可能となっている。赤外線サーモグラフィを使用した設備診断、外壁診断、構造物のき裂観察、インラインの温度モニタリング、生産ラインの異常監視だけでなく、赤外線サーモグラフィ

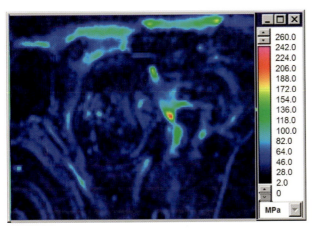

図11　自動車ドアの赤外線応力測定画像

図13　ガス検知赤外線サーモグラフィ

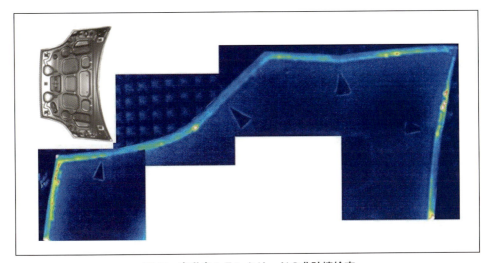

図12　自動車トランクリッドの非破壊検査

赤外線カメラ／赤外線応用

図14　ガス検知赤外線サーモグラフィ画像

を使った高速過渡現象のモニタリング、非破壊検査のニーズが高くなってきている。このように、従来他の非破壊検査手法では対応できなかったものでも赤外線サーモグラフィによる評価が進んでいる。

　本稿では主にハイエンド冷却型赤外線サーモグラフィを使用した適応事例を示したが、今後も画像処理技術の向上により高速化、高画素化、高感度化が進展して赤外線サーモグラフィの市場が広がっていくことを期待する。

◆ 参考文献

1) 矢尾板達也, Pierre Bremond: 赤外線サーモグラフィによる疲労と破壊の観察. 日本非破壊検査協会 第6回レーザー超音波および先進非破壊計測技術研究会, 2010年4月12日
2) 矢尾板達也, 高尾邦彦, Alexander Dillenz: 赤外線サーモグラフィを使用した溶接部の欠陥検査事例. 日本非破壊検査協会 平成24年度秋季講演大会, 2012年10月23日
3) 矢尾板達也: ハイエンド冷却型赤外線カメラの適応事例. 計測技術, 578. Vol.44. No.4, P.1-5, 2016.3
4) 矢尾板達也: 冷却型赤外線カメラの適応事例. 検査技術, Vol.21. No.8, P.40-45, 2016.8
5) 矢尾板達也: 赤外線サーモグラフィの動向と冷却型赤外線サーモグラフィの適応事例. 計測技術, Vol.45. No.4, P.8-11, 2017.3
6) 矢尾板達也, Frederick Marcotte: 高速赤外線カメラを使用した、燃焼解析、流体解析、衝突破壊試験、切削加工の温度測定への取り組みとその問題点, JCHSIP 2017

☆株式会社ケン・オートメーション
　TEL. 045-290-0432
　E-mail : info@kenautomation.com
　http://www.kenautomation.com/

◆好評発売中◆
http://www.eizojoho.co.jp/book/deeplearning.html ➡

画像×ディープラーニングの必読本！

2017年12月6日発行　　　定価 2,000円+税　B5判

画像認識の極み ディープラーニング

本書では、ディープラーニングを活用した様々な事例やディープラーニングを用いたサービスを提供する企業の取り組みを1冊にまとめました。

※本書は当社発行の月刊誌「映像情報インダストリアル」2016年12月号～2017年12月号に掲載された連載「Deep Learningの今を探る」を1冊にまとめ、新たな記事も追加した再編集版です。

【序論】ディープラーニングとはなにか？（日本大学 生産工学部／杉沼浩司 ほか）
深層学習がもたらした画像認識技術の飛躍的向上（株式会社センスタイムジャパン）
ディープラーニングへの取り組み～異常検知エンジン「gLupe」の紹介～（株式会社システム計画研究所／久野祐輔）
従来の概念を変えるディープラーニングを用いた画像解析ソフトウェア「SuaKIT」（株式会社アプロリンク／塚田大和）
Deep Learningを活用した外観検査システム「WiseImaging」（株式会社シーイーシー／久保田進也）
【特別インタビュー】"データを価値に変える"人工知能でビジネスをサポートするブレインパッドの取り組み
　（株式会社ブレインパッド）
産業用画像処理におけるディープラーニングの真価
―HALCONが提供する機械学習機能とディープラーニング活用機能―
　（株式会社リンクス／島　輝行）
トンネル切羽AI自動評価システム―Deep Learning活用による取り組み―
　（日本システムウエア株式会社／野村貴律）
　（株式会社 安藤・間／宇津木慎司）
エッジコンピューティング向け組込み特化の
ディープラーニングフレームワーク「KAIBER」の活用法
　（ディープインサイト株式会社／久保田良則）
【画像センシング展―特別招待講演より】
画像診断におけるAI活用推進について
　（東京慈恵会医科大学 放射線医学講座／准教授 中田典生）
個体差がある物体でも瞬時に識別 画像識別技術「AI-Scan」
　（株式会社ブレイン／多鹿一良）
人間の感覚をもった画像検査システム「Deep Inspection」
　（株式会社Rist／遠野宏季）
画像認識およびDeep Learning開発サービス「TrustSense」
　（株式会社トラスト・テクノロジー／山本隆一郎）

■製品紹介
・株式会社スカイロジック
・アースアイズ株式会社
・HPCシステムズ株式会社
・株式会社エンルートラボ
・キヤノンITソリューションズ株式会社
・クリスタルメソッド株式会社
・コグネックス株式会社
・株式会社タイテック
・株式会社マイクロテクニカ
・株式会社ミラック光学

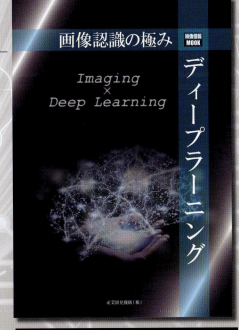

【お問い合わせ】産業開発機構株式会社
E-mail : sales@eizojoho.co.jp
TEL : 03-3861-7051
FAX : 03-5687-7744
http://www.eizojoho.co.jp/
〒111-0053 東京都台東区浅草橋2-2-10 カナレビル

映像情報 MOOK

赤外線イメージング&センシング
～センサ・部品から応用システムまで～

レンズパッケージ

○遠赤外線向け光学材料とカルコゲナイドガラスGASIR®
　　ユミコアジャパン株式会社／安田　傑

○遠赤外線レンズ用材料について
　　株式会社シリコンテクノロジー／迫　龍太

○遠赤外線カメラ用ZnSレンズ
　　住友電気工業株式会社

○赤外線レンズについて
　　京セラオプテック株式会社／武井正一

○赤外線コーティング技術
　　日本真空光学株式会社／加賀嗣朗 ほか

○プラスチック材料を用いた赤外線用透過レンズと反射光学系
　　ナルックス株式会社／田邉靖弘

○大型ミラーの製造—課題
　　Ophir Optics／Nissim Asida ほか

○高真空パッケージング技術
　　京セラ株式会社／森　隆二

レンズパッケージ

遠赤外線向け光学材料とカルコゲナイドガラスGASIR®

ユミコアジャパン株式会社
光学電子材料事業　安田　傑

赤外線、特に遠赤外線の光学システムを設計する場合、先ず思い浮かべる光学材料は結晶系のゲルマニウムである。一方で、市場の要求としてシステムの小型化、軽量化が重視され、そのために非球面レンズの導入がレンズサプライヤーに求められている。また、さらに常なる市場の要求としてコスト低下が求められる中、光学材料の選択にも変化が求められている。カルコゲナイドガラスは、そうした要求の解となりうる材料である。
本稿では、まず伝統的な遠赤外線光学材料として知られているゲルマニウム等の結晶系材料の特性に触れ、次に一般的にカルコゲナイドガラスがもたらす優位性と克服すべき課題を扱う。最後にカルコゲナイドガラスの実現例として、弊社の開発したGASIR®1を紹介する。

伝統的な遠赤外線光学材料

まずはじめに、所謂大気中の赤外線に対する窓から説明する。**図1**は地上大気の分光透過率を表している。縦軸は対応する波長の光線の大気中での透過程度を表し、横軸光線の波長帯を、横軸下部の分子は、矢印のある波長帯で該当する光線を吸収する大気中の主な分子を表す。こうしてみると、可視光線より波長の長い、所謂赤外線の領域で大気中の減衰が少ない2つの波長帯があることに気付く。1つは3～5μmの中赤外線と呼ばれる波長帯で、もう1つは8～12μmの遠赤外線と呼ばれる波長帯である。この遠赤外線は室温付近の物体が放射する電磁波に相当し、本稿の扱う波長帯になる。

ところで、非冷却遠赤外線光学カメラはその光学系に12μmより長波長の14μmまで透過を求めることがよくある。これは非冷却遠赤外線カメラによく使われる撮像素子が14μmまで感度があるためである。このような場合、その光学素子が14μmまでよく透過しなければ、撮像素子が得る光量低下によりノイズが増える。

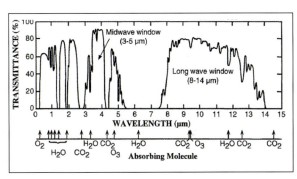

図1　大気中の赤外線に対する窓

そこで本稿では、遠赤外線を8〜14μmと規定する。室温の対象物の赤外線イメージを既存のシステムで捕らえるために重要な波長帯となる。

1）遠赤外線での各光学材料の透過率

図2は赤外線を透過するとされる光学材料の当該波長帯での透過率である。図中の光学材料の中で、ゲルマニウム、ジンクセレン、ジンクサルファイド、シリコンは一般的に受け入れられている結晶系赤外線光学材料である。この4種の材料の内、ゲルマニウムとジンクセレンは遠赤外線にて、安定した透過率を示している。これは両材料がこの波長帯において大きな吸収がないことを示している。遠赤外線の透過率は、ジンクサルファイド、そしてシリコンと続く。特にシリコンは7μmより長波長で透過率の低下が始まり、9μmにて大きな吸収がある。シリコンを遠赤外線向けレンズ、もしくは窓として利用する場合、この吸収の影響を抑えるためにレンズまたは窓を非常に薄くする必要がある。しかしその薄さのため、光学性能に制約が出る場合がありうる。

2）毒性

ゲルマニウムとジンクセレンは、透過率の点において優れた遠赤外線光学材料である。しかし、ジンクセレンは毒劇法において毒物である。毒劇法の観点から言えば、ジンクサルファイドも劇物にあたり、両材料は同法に基づく取り扱いと、廃棄が必要になる。

3）光学特性の熱依存性（表1）

ゲルマニウムは、その遠赤外線での安定した透過率と高い屈折率から魅力的な材料である。高い屈折率はレンズのF値を小さくすることを容易に

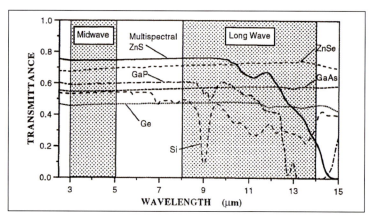

図2　赤外線向け光学材料の透過率

表1　結晶系遠赤外線光学材料の光学特性

	Ge	ZnS	ZnSe	Si
Transmission domain (μm)	1.8 – 16	2 - 12	0.5 -22	1.2-6.5
Refractive index at 10 μm	4.00	2.20	2.40	3.42
Abbe number 8-12 μm	942	23	58	243
dn/dT at 10 μm (10^{-6})	396	41	61	160
Absorption coefficient ($10^{-3}cm^{-1}$)	27	200	0,5	7
Density (g/cm^3)	5.32	4.08	5,27	2.32

する。一方でゲルマニウムはdn/dTの値が大きい。このdn/dTは、温度1度あたりの変化に対する屈折率の変化をppmで表したもので、光学系の温度依存性を表す。端的に言えば、温度変化によりどれだけピントがずれやすいかを意味する。このピントのずれはもちろんオートフォーカス、もしくは手動でレンズの位置を最適化することで補正することができる。しかしその解決策は、用途をマニュアルに限ってしまう。オートフォーカスであれば、その動力を必要とし、その光学系の重量とサイズを増すことになり、冒頭で述べた小型化、軽量化、そしておそらく低価格化要求に反することになる。

なおゲルマニウムには、表には示されていないもう1つの温度依存性がある。ゲルマニウムはその半導体的性質から70℃以上の環境におかれるとキャリア濃度が上昇し、結果として温度変化により透過率が減少する。これらの特性が、ゲルマニウムを使った遠赤外線光学系の使用温度範囲と上限を限定する。

4）調達性

その温度依存性にかかわらず、ゲルマニウムはその透過特性、高い屈折率、毒性のなさから、遠赤外線用途に伝統的使用されてきた光学材料である。しかしながら、ゲルマニウムを材料として検討するにあたり、指摘が必要な点がもう1つある。

図3は縦軸に二酸化ゲルマニウムのkgあたりのUSD単位市場価格、横軸は2004年から2018年の8ヵ月周期を示している。この期間の価格を見ても最高価格は最低価格の約4倍をつけている。ゲルマニウムの年間消費量は約120tと言われている。メジャーメタルと比べればその市場規模は非常に小さく、投機による価格の影響は小さいとは言えない。ゲルマニウムの調達価格は不安定であり、調達に注意を払う必要がある。

5）加工性

ゲルマニウムを含む結晶系材料は一般に研削、研磨、切削にて加工が行われる。切削技術の改善により、結晶系の材料でも非球面加工は可能であるが、高価で時間がかかるものとなる。また、レンズ加工はひとつずつ行うことになり、スケールメリットを活かすことができない。

一般的なカルコゲナイドガラスの特性

カルコゲンは、周期表上の16族の元素を意味する。その内、硫黄、セレンはよくカルコゲナイ

図3　二酸化ゲルマニウムの市場価格推移
（ロイター社のレポートを基に作成）

ドガラスの主成分として使われており、その組成において強い共有結合を示している。カルコゲナイドガラスそのものの歴史は浅くなく、3元もしくはそれ以上の元素を含む組成が、特殊な要求を満たすために開発されてきた。様々な組成のカルコゲナイドガラスがある中、一般に、以下述べる特性がカルコゲナイドガラスに期待できる。

1）加工性

　カルコゲナイドガラスは、一般的に可視光向けのガラスより低いガラス転移点をもつ。このガラス転移点の低さは、モールド温度を低くすることを可能とすると同時に、ここでは詳述しないがそれぞれのカルコゲナイドガラスにおいて、加工上の課題をもたらしている。しかしながら、このモールド加工法は、非球面やその他複雑なレンズ形状を量産化するにあたり、最も費用効果の高い方法であり、スケールメリットを活かす工法である。

　その一方で、一般にカルコゲナイドガラスは切削で加工も可能である。たとえば、カルコゲナイドガラスを切削によりプロトタイプ用のレンズを少数製作し、同じカルコゲナイドガラスをモールドにより量産することも可能である。プロトタイプレンズ向けにモールド用金型を製作することを避けることができれば、初期費用とリスクを大きく低減できる。

2）熱依存性

　カルコゲナイドガラスは一般的にゲルマニウムよりdn/dTの値が低い。このため、カルコゲナイドガラスにより、固定焦点の光学システムを設計することは容易になる。それに加えて、カルコゲナイドガラスは、そのガラス質のため熱電効果を示さず、70℃以上での遠赤外線の透過率低下を示さない。

3）遠赤外線の透過率

　ある種のカルコゲナイドガラスの多くは高い透過率を8～12μmの波長帯で示している。本稿で言う遠赤外線は14μmまでを指し、さらに長波長側の透過率を高く保つのはカルコゲナイドガラス開発の課題の1つである。

4）毒性と安定性

　多くのカルコゲナイドガラスは硫黄もしくはセレンを主成分としている。セレン化合物は毒劇法により毒物であり、硫黄も安全な成分と言い難い。カルコゲナイドガラスそのものは人体に有害なものとして認識されており、安全なカルコゲナイドガラスの開発が求められている。一方で、カルコゲナイドガラスには、光学特性を安定させ均一にすることが求められている。結晶系の材料に比べ、ガラス質のカルコゲナイドガラスでは光学特性の均一性、バッチごとの再現性の実現は必ずしも容易ではない。

弊社開発のカルコゲナイドガラスGASIR®1

　GASIR®1は、弊社の開発したゲルマニウム、ヒ素、セレンからなる三元組成のカルコゲナイドガラスの商標である。GASIR®1は上で挙げたカルコゲナイドガラスの長所を満たすだけでなく、指摘した課題を多く達成している。また、ゲルマニウムの含有は限られており、その調達価格は遥かに安定している(**図4**)。

1）毒性と安定性

　GASIR®1は日本に紹介された当初、毒劇法上のヒ素化合物およびセレン化合物に分類された。その後安全性を示す実験レポートを厚生労働省に提出した結果、GASIR®1の安全性が確かめられ、毒劇法の対象から除外された。最適な組成、適切な原材料の取り扱い、そして独自に開発したガラス合成方法が安定した元素間の結合を可能にしている。その結果、想定されうる使用環境では、ヒ素も

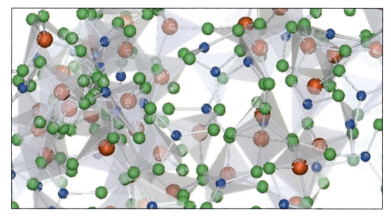

図4 GASIR®1の分子構造モデル

しくはセレンが単体で遊離することなく、GASIR®1安全性を担保している。同時に、この元素間の結合の安定性がGASIR®1の光学特性の安定性に繋がっている。以下その安全性と安定性を例示する。

■DCSテスト

図5はGASIR®1を450℃まで加熱したDCSテストの効果である。縦軸は熱収支、横軸はサンプル温度を示している。284℃にて明快なガラス転移点を示している。一方でDCSテスト後サンプルを450℃にて10時間保持した。その後サンプル質量を加熱前後で計測、比較したが差異はほとんど見られなかった。450℃までの加熱に対して化学的に安定していることが見て取れる。

■水溶出テスト

標準水溶出試験において、GASIR®1は水に溶出しないことが確認されている。

■GASIR®1の屈折率の再現性

表2は2002年から2017年までのGASIR®1製造バッチの屈折率を各赤外線波長域で計測したものである。バッチ間の屈折率の差異が2×10^{-4}に収まり、屈折率が非常に安定していることがわかる。

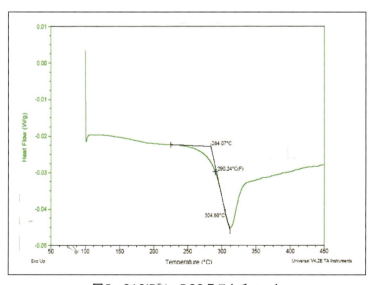

図5 GASIR®1 DCSテストチャート

表2　GASIR®1のバッチ間の屈折率再現性

	4μm		8μm		10μm		12μm	
Reference	2.51003		2.49992		2.49437		2.4874	
Batch production date	Measured	Deviation	Measured	Deviation	Measured	Deviation	Measured	Deviation
May 2002	2.50995	8 x 10⁻⁵	2.49990	2 x 10⁻⁵	2.49432	5 x 10⁻⁵		
Feb 2004	2.50990	13 x 10⁻⁵	2.49981	11 x 10⁻⁵	2.49424	13 x 10⁻⁵		
Mar 2006	2.51014	-11 x 10⁻⁵	2.50004	-12 x 10⁻⁵	2.49445	-8 x 10⁻⁵		
Apr 2009	2.51020	-17 x 10⁻⁵	2.50010	-18 x 10⁻⁵	2.49460	-23 x 10⁻⁵		
Mar 2011	2.51002	1 x 10⁻⁵	2.49980	12 x 10⁻⁵	2.49424	13 x 10⁻⁵		
May 2012	2.50995	8 x 10⁻⁵	2.49995	-3 x 10⁻⁵	2.49440	-3 x 10⁻⁵	2.48745	-5 x 10⁻⁵
Jan 2015	2.51009	-6 x 10⁻⁵	2.49989	3 x 10⁻⁵	2.49440	-3 x 10⁻⁵	2.48744	-4 x 10⁻⁵
May 2017	2.51019	-16 x 10⁻⁵	2.50010	-18 x 10⁻⁵	2.49460	-23 x 10⁻⁵	2.48760	-20 x 10⁻⁵

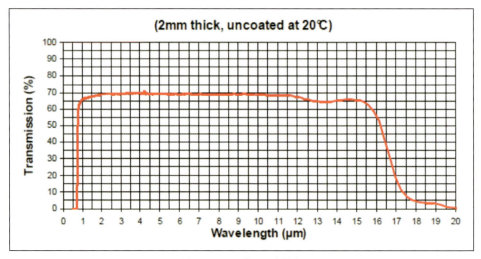

図6　GASIR®1の透過率

表3　GASIR®1とゲルマニウムの光学特性

	Ge	GASIR®1
Transmission domain (μm)	1.8 – 16	0.8 - 16
Refractive index at 10 μm	4.00	2.49
Abbe number 8-12 μm	942	120
dn/dT at 10 μm (10⁻⁶)	396	55
Absorption coefficient (10⁻³cm⁻¹)	27	30
Density (g/cm³)	5.32	4.40

2）遠赤外線でのGASIR®1の透過率

図6はGASIR®1の分光透過率を示している。GASIR®1は近赤外線800nmから16μmまで非常に安定して透過している。14μmまで感度のある赤外線撮像素子にも対しても良好なS/N比を可能とする。

3）低熱依存性（アサーマル性）

表3にGASIR®1とゲルマニウムの光学特性を示す。

ここでゲルマニウムとGASIR®1の光学特性の熱依存性を比較する。

■dn/dT

GASIR®1はゲルマニウムに対してdn/dTが約8分の1である。環境温度に依存しない、アサーマルな固定焦点の遠赤外線光学系を設計することは、ゲルマニウムを前提とする場合、非常に困難な課題である。GASIR®1はその低熱依存性により、アサーマルな光学設計を容易にする。

図7は、宇宙用途にJAXAが設計した非冷却遠赤外線撮像素子のコンパクト赤外線カメラ（CIRC）の光学系である。GASIR®1とゲルマニウムを組み合わせた固定焦点の遠赤外線光学系である。

図8はCIRCの温度（横軸）に対するMTF（縦軸）−15℃から50℃にかけて、温度依存性が非常に低いことがわかる。GASIR®1の活用によるコンパクトなアサーマル光学系の例である。

■高温時の透過率

図9は、GASIR®1の基板を28℃から120℃までの環境下で、分光特性を計測したものである。GASIR®1は120℃までの高温でも透過率が減少しない。

4）加工特性

GASIR®1はワンステップモールドによりレンズを完成させることができる。また、当該レンズに、非球面、回折面などの複雑な形状があっても、追加の費用を発生させることなく、ワンステップで加工ができる。GASIR®1は、2018年4月現在までに1,500,000枚以上のモールドしたレンズを出荷した実績がある。一方で、GASIR®1はダイアモンドターニングでの切削加工も可能であり試作品レンズの開発にモールド用金型などの先行投資を必要としない。

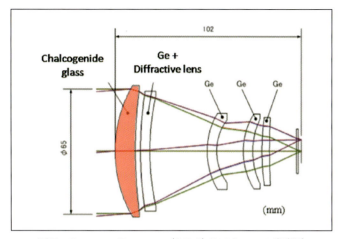

図7　Compact IR camera（CIRC）のアサーマル光学系

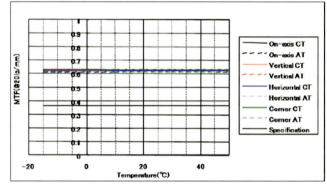

図8　CIRCのMTF（解像度）の熱依存性

5）多数個取りウェハモールド，Tessella™

主に赤外線撮像装置と言うより赤外線センサと呼ぶべきアプリケーションでは、より生産規模が大きく、安価で、サイズの小さなレンズが要求される。そのようなアプリケーションに向けて、ユミコアはウェハモールドTessella™を開発した（図10）。GASIR®1のウェハ上に複数の小型の金型を並べてモールド／コーティングし、個々のレンズを切り出す、多数個取りレンズである。Tessella™は赤外線センサ向けにレンズを小型化しても、①レンズサイズが小さくモールド1回あたりの取り量が最大となる。②レンズサイズが小さければ、コートバッチあたりのレンズ数が最大となる。③ダイシングしレンズであれば小型でも

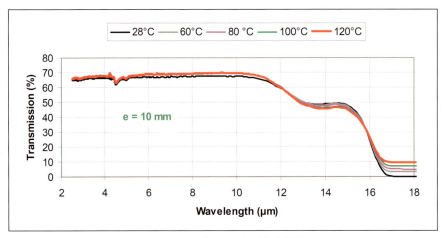

図9　GASIR®1の温度別分光特性

図10　ウェハ上のTessellaTMレンズ（左）とダイシングされたTessellaTMレンズ（右）

扱いやすい。レンズを小型化した時にTessella™はその価格優位性を発揮する。ユミコアは実装したTessella™レンズを、カタログレンズとして販売している。Tessella™レンズに興味があれば容易に試すことができる。

まとめ

本稿では、一般的な遠赤外線光学材料である、結晶系材料、ゲルマニウム、シリコン、ジンクセレン、ジンクサルファイドの特性とその長所と短所を見てきた。一方でカルコゲナイドガラス一般への期待と克服すべき課題を見てきた。最後にカルコゲナイドガラスの現在の到達点として、弊社開発のGASIR®1を紹介するとともに、GASIR®1を活用したカルコゲナイドガラスの可能性としてウェハモールドTessella™も紹介した。遠赤外線技術の民生化と、それに伴うシステムの小型化と経済化は避けがたい市場の傾向である。アサーマル、高温度対応、小型の固定焦点遠赤外線システムがカルコゲナイドガラスの導入により発展すれば幸いである。それがGASIR®1に拠るものであればなお光栄である。

☆ユミコアジャパン株式会社
TEL. 03-6685-2736
E-mail: suguru.yasuda@ap.umicore.com
http://www.umicore.jp/

レンズパッケージ

遠赤外線レンズ用材料について

株式会社シリコンテクノロジー
光学技術部　迫　龍太

遠赤外線レンズに使用される材料について、レンズ材料の特性や、現在主に使われている材料とその特徴を記載、そして株式会社シリコンテクノロジーで製造している通常より透過率特性を向上させたシリコン材料のHTシリコンについて紹介する。

遠赤外線レンズ用材料とは

　遠赤外線カメラやセンサには遠赤外線波長域を透過する材料がレンズに用いられており、その多くが可視光を透過しない材料のため可視光レンズとはまったく異なる材料が使用されている。使用する光の波長域での透過率や屈折率がレンズとして最も重要な材料特性であり、透過率や屈折率の変化が大きいとカメラモジュールで変化に合わせた補正が必要となるため使用する環境によっては低温や高温でのこれらの値の変化が小さいことも重要となる。

　遠赤外線と言われる波長領域はおよそ6～14μmでありこの波長域で大気による吸収が少ない大気の窓といわれる8～14μmが遠赤外線カメラ等で主に使用される波長域となるため、この波長域での透過率や屈折率がレンズ材料としての性能を左右する。また、レンズ用材料はレンズ以外でもセンサやレンズモジュールに傷などがつくのを防止するカバーガラスや窓材としても使用され、レンズやセンサの保護が目的となるため透過率のほかに材料の機械強度等が大切となる。

　これまでは軍需用等ハイエンド品が主流であったことから、透過率が安定して高く屈折率の大きいゲルマニウムが最も多く使用されてきた。しかし、今後予想されている車載用などの民用途に対してはより安価な材料が求められており、シリコンやカルコゲナイドガラス等の他材料にも注目が集まっている。

レンズとして主に使用されている材料

1）ゲルマニウム

　最も多く遠赤外線用のレンズ材料として使用されている材料である。遠赤外領域で屈折率が4.0と非常に高く、遠赤外線領域での深い吸収ピークがないため高い透過率で一定であり非常に性能が高い。結晶材料であるため形状加工は切削加工が一般的。

　Ge自体がレアメタルであり、材料が高価な上

価格変動が大きいが、非常に性能が良いためハイエンド品では主に使用されている。

2）シリコン

　高抵抗の半導体用シリコンが遠赤外線用途に使用されている。シリコンは遠赤外領域での屈折率が3.4と高く、半導体用で大量生産されていることから材料費が他材料と比較して安価であることが利点である。また、**図1**のようにゲルマニウムと比較して温度による透過率の減少が小さく高温でも透過率が維持される。材料特性として6〜14μmの波長域で高い透過率をもつが、CZ法で製造される半導体用のシリコンには9μmに格子間酸素による大きな吸収ピークをもっており、遠赤外線材料としての使用用途はローエンド品が多い。この9μmの吸収がないシリコン材料としてFZ法で製造されるシリコンがあるが、FZに使用する原料が特殊なことや結晶成長のための加熱方法が特殊なことでコストが上がり安価に得ることが難しい。

3）カルコゲナイドガラス

　カルコゲナイドガラスは周期表16族のカルコゲン元素を中心とした半金属元素を混合して作成されるガラスであり、元素の組み合わせによって様々な特徴があるため、組成候補が非常に多い。

　特性として組成により透過率や屈折率などの光学特性が変化するため、目的に合わせた材料の作成を行うことができる。ガラス材料であるため、モールド成型による加工が可能であり、金型があれば非球面加工についても実施が容易であり大量生産により加工コストを抑えることができる。

　カルコゲナイドガラスとしては無毒であってもヒ素やセレンといった元素を使用する必要な組成があることや、ガラスインゴットの不均一組成や内部歪を抑えるために作成のプロセスが多くなりコストがかかる場合もある。

HTシリコン

　前項で挙げた材料の中で、今後最も使われる材料はシリコンであると考えている。その理由として、シリコンは半導体用途として、すでに大量生産されている物質であることから非常に安定して原料の入手が可能でシリコン結晶の製造方法も確

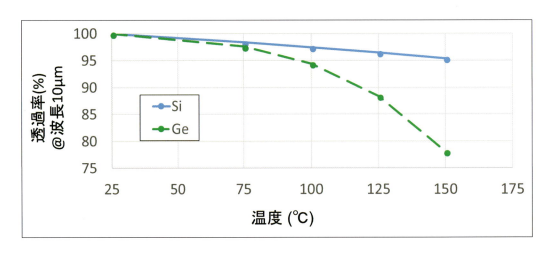

図1　シリコンおよびゲルマニウムの透過率温度特性

立されており材料元素の危険性も低いことや、レンズとしての性能も十分高くカメラメーカでの検討が進んでおり、他材料と比較して原料コストも安価であること等が挙げられる。

シリコン結晶の製造方法であるCZ法は、原料を坩堝に入れて加熱溶融し、融液上部に種結晶を接触させて引上げることで種結晶と接触している箇所から融液の一部を徐々に固化させて結晶を得る方法であり、径の大きい結晶を得ることが容易で、半導体用シリコンでも主流な結晶製造方法である。そしてFZ法とは、原料となるシリコンを上から吊るし、その下端の一部を高周波誘導加熱等で溶融し、融液に種結晶を接触させ引き下げながら結晶を作る方法であり、常に原料の一部のみ溶融される部分溶融法である。融液を坩堝等に接触させないため高純度の結晶が得られるが、原料や加熱方法が特殊なためCZ法と比較してコストがかかる方法である。

CZ法の半導体用シリコンの欠点として格子間酸素による吸収ピークにより9μmにおける透過率が低いということがあるが、株式会社シリコンテクノロジーではシリコン中の格子間酸素を低減させ9μmの吸収を抑えたCZ法シリコンであるHTシリコンの製造販売を行っている。HTシリコンは遠赤外線光学材料向けに株式会社シリコンテクノロジーと親会社であるカーリットホールディングス株式会社で開発したシリコン結晶材料である。通常の半導体用シリコンとHTシリコンの透過率比較を**図2**に示す。半導体用CZシリコンでは9μm付近の波長域に吸収ピークをもつため透過率の低下がみられるが、HTシリコンではこの吸収ピークがないことで高い透過率が維持されている。9μmに大きな吸収がないことで半導体用のCZシリコンと比較して透過率が高く、FZ法並の透過率であることが特徴だが、HTシリコンはCZ法で製造しているためFZ法と比較して製造コストが安く、同等性能でありながら安価での提供が可能である。

株式会社シリコンテクノロジーは半導体用シリコンウェハのメーカで、主に直径4〜6インチのインゴットを製造しウェハ加工まで行っている会社である。遠赤外線用レンズ材料向けとしても同様のサイズで結晶を製造し、レンズ形状加工やARDLCコーティングを協力会社で実施することで要望に合わせてスライス形状、両面鏡面ウェハ、ARDLCのコーティングウェハ、レンズ形状加工、

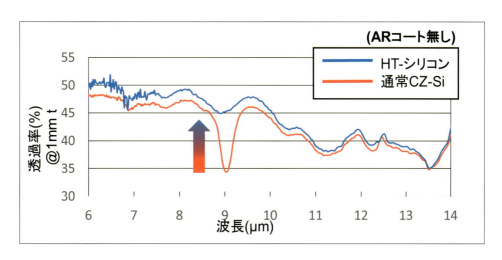

図2　通常半導体用CZシリコンとHTシリコンの透過率スペクトル

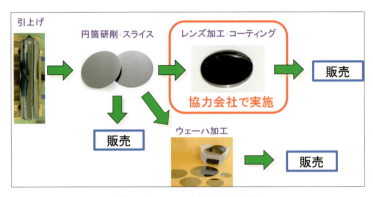

図3　シリコン材の販売形態

図4　ゲルマニウムの販売形態

などの様々な形状での販売が可能である(**図3**)。

また、株式会社シリコンテクノロジーではシリコン材料以外にゲルマニウム材料の製造販売も行っている。ゲルマニウムは原料が高価なためコストが高いが、光学性能が良く、ハイエンド品では今後も使用され続けると考えられるため安定した需要が見込まれる。

ゲルマニウムの製造法としては酸化ゲルマニウムからの還元精製や、ゲルマニウム加工スクラップからの精製で行い、**図4**のようにゲルマニウムにおいても要望に合わせた形状での販売が可能である。

おわりに

現在遠赤外線カメラは、主な用途を軍需用から民間用に向けて展開しようとしている。その中でレンズ用材料についてもレンズとして十分な性能を維持しつつ低コスト化することが重要となり、シリコン、ゲルマニウム、カルコゲナイドガラス、ZnS等様々な材料について研究が進んでいる。

☆株式会社シリコンテクノロジー
　TEL. 0267-53-6440
　E-mail：r.sako@s-tc.co.jp
　http://www.s-tc.co.jp/

遠赤外線カメラ用ZnSレンズ

住友電気工業株式会社
ハイブリッド製品事業部

遠赤外線カメラ用のZnSレンズモジュールを紹介する。住友電工では、レアメタルフリーなZnS（硫化亜鉛）をレンズ材料に使用しており、焼結とモールドの一体成形法による高い生産性を実現している。また、回折光学素子成形による高解像度や、温度補償機構による高い温度安定性も特長である。さらに、保護窓レスで使用できる「DLCコートZnSレンズ」は、カメラシステム全体のコスト低減と小型化を実現する、車載用遠赤外線カメラの最適ソリューションである。

遠赤外線カメラの現状

対象の表面温度を検知する遠赤外線カメラは、夜間の監視・自動車用途（ナイトビジョン、歩行者検知）・スマートビルディング・船舶・消防等、幅広い用途で用いられている。また、近年のMEMS技術の進展により、遠赤外線用ディテクタの狭ピッチ化が進んでおり、従来高価格で手の届きにくかった遠赤外線カメラの市販価格は低下傾向にある。加えて、**図1**に示すように、光学系もディテクタのピッチに比例して小型化が進んでおり、遠赤外線カメラの用途のさらなる拡大が見込める状況となってきている。

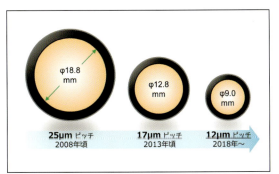

図1　光学系の小型化トレンド
（QVGA・HFOV 24°・F1での有効口径の試算）

住友電工ZnSレンズの特長

1）レアメタルフリーなレンズ材料

遠赤外線カメラのレンズには、遠赤外線をよく透過するゲルマニウム（以下、Ge）やカルコゲナイドガラス（以下、カルコゲ）が用いられてきた。しかし、両者ともレアメタルを含むため高価格で、供給安定性にも難がある。一方、住友電工で使用している硫化亜鉛（以下、ZnS）はレアメタルフリー

であるため、安価かつ安定して供給できる。しかも、後述する一体成型法により高い生産性が実現でき、高強度と温度安定性を両立している唯一のレンズ材料である（**表1**）。

2）一体成形法による高い生産性

Ge等を用いたレンズを製造する際は、超精密切削加工や研磨が必要であるため、大量生産にはやや難がある。一方、住友電工では、ZnSの粉末を原料として、材料の焼結とレンズのモールド成形を同時に行う「一体成形法（**図2**）」を開発し、プロセスコストを抑えつつ、高い量産性を実現している[※1]。

本手法では、仕上げ加工や研磨なしでレンズ成形が可能である。また、形状精度は機械加工と同等であり、表面粗さは3nmと光学鏡面である。

※1 本製法により製造した住友電工のZnSレンズ（焼結体）は、毒物および劇物取締法の対象外である。

3）回折光学素子による高い解像度

前述の一体成型法を用いて、**図3**に示すような鋭利な回折光学素子をレンズ表面に作製することにも成功した。これにより、屈折率の波長分散に起因する色収差を回折効果で補正できるため、MTF[※2]を大幅に高めることができる。実際に、**図4**に示すような高いMTFを設計通りに実現している。

※2 被写体のもつコントラストをどの程度忠実に再現できるかを空間周波数特性として表現したもの。値が大きいほど鮮明な像が得られる。

表1　赤外レンズ材料の比較

	項目	Ge	カルコゲ	ZnS
光学特性	透過率（3mmt）	97%	95%	90%
	屈折率分散（アッベ数）	942	85〜120	23
	温度安定性（dn/dT）	396	55〜90	41
機械特性	ヤング率	103GPa	18-21 GPa	86GPa
	曲げ強度	100MPa	17〜19 MPa	98MPa
生産性	レアメタル比率	100%	80〜100%	レアメタルフリー
	レンズ製造方法	機械加工のみ	モールド成形可	一体成形法（当社開発）

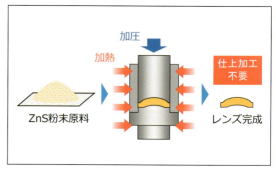

図2　ZnSレンズの一体成型法

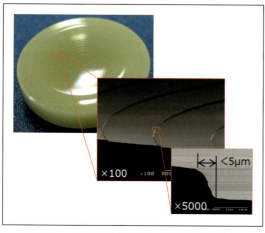

図3　一体成型法で作製した光学回折素子

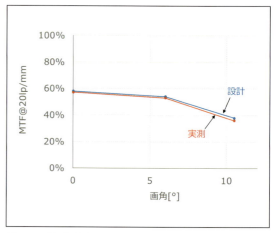

図4　一体成型法で作製した回折光学素子を使用したZnSレンズのMTF

4）解像度の高い温度安定性

遠赤外線カメラは様々な環境で使用されるが、通常環境温度が変化すると、レンズ材料の屈折率変化と鏡筒の熱膨張により焦点位置がずれ、たとえば**図5**のような像ボケが発生してしまう。一方、これを防ぐためにアクティブにフォーカスを合わせる機構を内蔵すると、システムが複雑になる問題がある。

住友電工では、ZnSの屈折率の温度依存性（dn/dT[※3]）が小さい点を活かし、シンプルで信頼性の高い温度補償機構を開発した。本機構では、温度変化に応じてパッシブに焦点位置ズレを補正する。この結果、**図6**に示すように、元々Geレンズに比べて良好であった温度特性が、－40～＋80℃という幅広い温度範囲で常温同等のMTF（＝解像度）を維持するほど改善している。よって、たとえば屋外にて年中使用される監視用途や、幅広い温度範囲での動作が必要な車載用途においても、解像度の劣化なく使用できる。

※3 屈折率を温度で微分したもの。値が小さいほど温度による屈折率の変化が小さい。

標準レンズラインナップ

以上の特長を有するZnSレンズの、標準レンズラインナップを紹介する。**表2**に示すように、望遠・標準・広角の3タイプをラインナップしており、幅広い用途に対応可能である。いずれのレンズも先述の温度補償機構を内蔵しており、－40℃

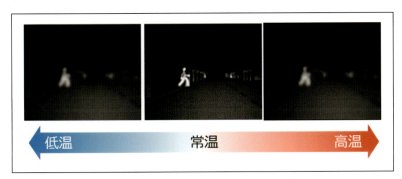

図5　温度変化による像ボケのイメージ図

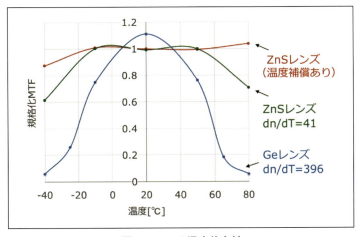

図6　MTFの温度依存性
（ZnSレンズの常温のMTFで規格化）

レンズパッケージ

表2 住友電工ZnSレンズ 標準レンズラインナップ

モデル	焦点距離 / F#	使用温度範囲	水平画角 17um VGA	水平画角 17um QVGA	水平画角 25um QVGA	外観	撮影画像例
#608 (望遠)	35.0mm / F1.1	-40℃～80℃	17.7°	8.9°	13.0°		
#550 (標準)	18.8mm / F1.0	-40℃～80℃	32.9°	16.3°	24.3°		
#612 (広角)	13.0mm / F1.1	-40℃～80℃	50.3°	24.3°	36.2°		

～80℃の温度範囲で使用できる。また、AR（反射防止）コートが施されており、標準のマウントはM34×0.5mmピッチである。

DLCコートZnSレンズ

1）開発の背景

これまで車載用途での遠赤外線カメラは、ナイトビジョンシステムとして、高級車のオプションの位置付けで商品化されてきた。しかし、近年活発に開発・実用化が進められている自動運転技術において、夜間や悪天候時の歩行者検知に適する遠赤外線カメラが、センサフュージョンの一環で見直されてきている。今後、ミドルクラス以下への搭載も予想され、カメラやレンズに対してはコストや量産性がより一層求められる。

遠赤外線カメラが車に搭載される場合は、窓ガラスが遠赤外線を透過しないため、図7のようにカメラをGe製の保護窓と筐体の中に密閉した上で、車外に搭載される。近年のMEMS技術の進展や、先述のレンズの一体成型法により、ディテクタやレンズの低価格化・量産化は進められているが、レアメタルであるGe製の保護窓はコストダウンの余地が少なく、カメラシステムコストのネックとなっている。

このような状況を鑑みて、住友電工では"保護窓レスで使用可能"なDLCコートZnSレンズを開発した。これにより、カメラの部品点数を減らし、遠赤外線カメラ全体の抜本的な小型化と低コスト化を実現できる。次にその特長を説明する。

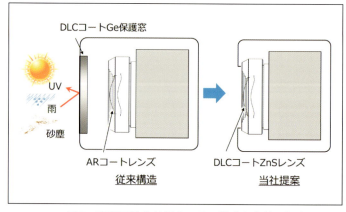

図7 車載用遠赤外線カメラの構造と当社の提案

2）Ge保護窓同等のZnSレンズ強度

レンズを車外に保護窓なしで設置し、飛び石等が衝突しうる環境で使用するにあたって、まず重要になってくるのがレンズの強度である。**表1**に示したように、ZnSは元々Geに匹敵する高い素材強度を有しているが、さらに当社では強度を考慮したレンズ設計を実施している。この結果、**図8**の落球試験[※4]結果に示すとおり、カルコゲレンズおよびGe保護窓同等以上の高いレンズ強度が得られている。

※4 鋼球を自由落下させる強度試験。

3）DLCコートの高い耐環境性と透過率

レンズが雨・砂塵・UV等に常時晒され続ける環境下では、コーティングの耐環境性も非常に重要である。住友電工では、赤外製品の保護膜として実績の多いDLC[※5]コートをZnSレンズに直接施し、その高い性能を最大限に引き出すことに成功した（**図9**）。

DLCコートの信頼性試験結果を**表3**に示すが、いずれの試験においても外観や透過率に変化はみられず、良好な結果が得られている。

このDLCコートは、単にレンズ表面の耐環境性を向上させるのみならず、DLCを使用した反射防止多層膜ともなっている。それにより、**図10**に示すような良好な透過率も兼ね備えている。

※5 Diamond-Like-Carbonの略。その名のとおり、ダイヤモンドのような性質を有す炭化水素から成る非晶質の硬質膜で、高硬度、高化学的安定性、赤外透過等の特長を有する。

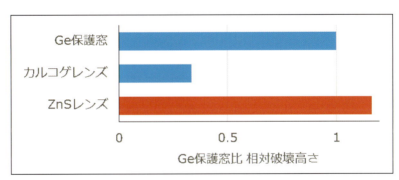

図8 落球試験結果

図9 DLCコートZnSレンズの外観

表3 DLCコートの代表的な信頼性試験結果

試験項目	試験条件	結果
湿度試験 MIL-F-48616	85°C / 95%RH × 240 h	OK
温度サイクル試験 IEC60068-2-14Nb	-40°C 5min ↔ 100°C 5min ×110cy.	OK
摩耗試験 MIL-F-48616	Severe 20 stroke	OK
耐候性試験 JIS-D-0205 WAN1S	UV + water × 1000h	OK
砂塵試験 MIL-STD-810G 510.5	13.3m/s, <150um, ≥3hour, 0.33g/m^3	OK

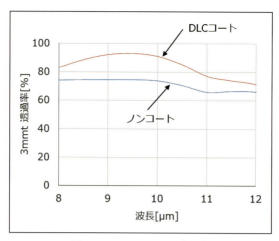

図10　DLCコートの透過率

4）レンズモジュールの止水性

赤外線カメラが車の前面に搭載される場合には、高い止水性が要求される。住友電工では、高気密鏡筒構造を開発し、レンズが完全に水没しても問題なく使用できる、IP67の規格を取得した。

5）DLCコートレンズまとめ

以上のように、住友電工で開発したDLCコートZnSレンズは、次の特長を有している。

- Ge保護窓同等以上のレンズ強度
- DLCコートの高い耐環境性、透過率
- IP67のレンズモジュールの気密性

したがって、保護窓レス構造でも高い信頼性で使用でき、車載用遠赤外線カメラの最適ソリューションとなると考える。

まとめ

住友電工のZnSレンズの特長、標準レンズ、車載への対応について紹介した。今後、遠赤外線カメラの用途の多様化や、ディテクタの狭ピッチ化に対応して、さらにレンズを拡充させていく予定である。

☆住友電気工業株式会社
　ハイブリッド製品事業部
　E-mail：hybrid@info.sei.co.jp

☆特約代理店　CBC株式会社
　イメージ＆インフォメーションテクノロジーディビジョン
　TEL.03-3536-5168
　E-mail：kadoi@cbc.co.jp
　https://www.cbc.co.jp/

赤外線レンズについて

京セラオプテック株式会社
経営企画部 市場開発課　武井正一

赤外線レンズは、比較的低画素であるセンサ用と、高画素のカメラ用に大別される。
ただしセンサ用途であっても、最近では複数の熱源（生体等）を認識するため、高画素化が求められる。また赤外線カメラ用レンズは動体監視のため高性能であっても小型化・軽量化が望まれている。
以上のような技術課題がある赤外線レンズについて、その特徴や構造、解決策等について紹介を行う。

赤外線レンズ（光学系）

1）赤外線光学系の基礎

夜間の生体確認（監視）および、これを応用した車載用途での安全検知等に赤外線センサやカメラが使われつつある。赤外線センサ（カメラ）を用いると、生物の発する熱を可視化（画像化）できるため、温度変化の観察や温度制御・管理に有効である。

ただし、可視光より10倍以上長い、波長7～14μmという長波長である遠赤外線では一般に可視光で使われているガラス材料では光線が透過しない。このため、遠赤外線域で透過率が高いシリコンやゲルマニュウム材料でレンズを製造する必要がある（**図1**）。

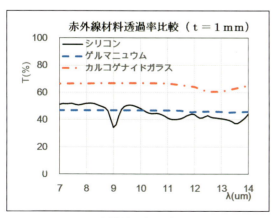

図1　各材料の赤外線透過率

赤外線センサ用レンズ

1）従来技術

従来の赤外線センサは画素数が1～4素子と低画素であり、画角も50°程度であるため、平凸形状のレンズが用いられてきた。また、遠赤外線を

レンズパッケージ

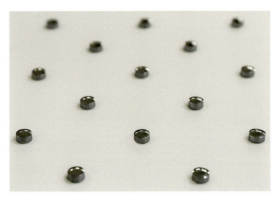

図2　シリコン球面レンズ

透過するコストの低い材料として、シリコンを採用し、球面の研磨加工を行っている。

本レンズは、電子レンジの庫内温度管理や非接触温度計の赤外線センサに用いられるため、大量生産が必要である。当社ではシリコンレンズを専用に製造するため独自のラインを構築し、年間100万個を超える大量生産を行っており、生産拡大を継続している（**図2**）。

2）新技術

これから拡大していくスマートビルディング（人がいる位置を赤外線により感知し、その位置のみで空調を稼働させ省エネ効果を得る）や室内監視（侵入者の位置を赤外線感知する）のためには複数の生体（人間）を認識する必要があり16〜256素子と高解像化されたセンサが量産されつつある。また、室内を広く見渡すため、画角も50°からさらに広角化したレンズが望まれている。ただし、従来のカメラから発展してきた可視光レンズに用いられる幾何光学的な設計手法だけでは、目に見えない赤外線の振る舞いを正確に捉えることが難しい。このため、当社では幾何光学設計に加え、照明光学系の計算を応用した、赤外線センサレンズ専用の設計手法を確立した。

この設計手法を用いレンズ形状を最適化したことにより、画角70°以上のレンズ提供が可能となった。この技術により従来よりもレンズの広角化が可能となったが、センシング性能を向上するため、さらなる広角化と高画素化（1,000〜2,000画素）が課題となっており検討を継続している（**図3**、**4**）。

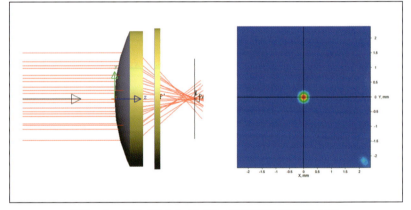

図3　左：画角50°レンズ／右：結像性能 画角0°／50°

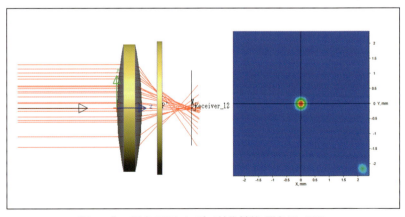

図4　左：画角70°レンズ／結像性能 画角0°／70°

京セラオプテック株式会社

赤外線カメラ用レンズ

1）従来技術

遠赤外線を透過する材料としてシリコンを紹介したが、ほかにも良好な透過率をもつ材料としてゲルマニュウムがある。この2つの材料を用いることにより、赤外線領域での色滲みによる性能劣化を抑制するための収差補正も可能になり、6万画素～数十万画素と高画素な赤外線カメラ用レンズの設計が実現できる。

その事例を示す。ゲルマニュウムは光学特性が良好な材料であるが、高価なため、採用する重量を少しでも抑える必要がある。これにはレンズ構成に含まれるゲルマニュウムレンズの体積を小さくすることが重要である。また研磨仕損じしにくい形状での設計も必要である。

下記に当社のシリコン・ゲルマニュウムレンズの組立完成品を紹介する。すべてのゲルマニュウムレンズをメニスカス形状とすることによりレンズ体積を抑えるとともに、無理なく研磨できる形状にて設計している（**図5**）。

われわれの赤外線レンズの量産取組みとしては、最大でφ200mmという大口径のゲルマニュウムレンズ研磨実績がある。**図5**にあるような小型レンズから、このような大型レンズまで幅広く設計・製造を行えるのが当社の強みである（**図6**）。

2）新技術

周期表16族のカルコゲン元素（セレン、テルル等）の化合物からなる非晶質体である、カルコゲナイドガラスも効率よく赤外線を透過する。本材料は低融点材料であり、レンズ成形用材料としても比較的適している（**図1**参照）。

材料が低融点のため成形加工が可能であり、ガラス非球面レンズの精密成形技術をカルコゲナイドガラスに用いると、赤外線非球面レンズの製造（成形）が基本的には可能となる。

ただし、可視光用ガラスに比べ非常に低融点（300°以下）であるため、通常のガラス成形手法だけでは生産は難しく、量産に用いる成形機の選定や成形条件の精密な設定が重要になると思われる。当社では可視光用レンズで培ったガラスレンズ成形機の自社設計技術を応用し、カルコゲナイドガラスレンズ専用の成形機を開発している。

赤外線光学系は、夜間の生体監視や車載の自動運転への採用により数量が急激に拡大すると見ており、生産性が高く、価格が安い赤外線レ

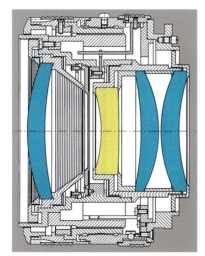

図5　シリコン／ゲルマニュウムレンズユニット
（青がゲルマニュウム、黄色がシリコン）

図6　φ200mm 大口径ゲルマニュウムレンズ

ニットが必要である。また、移動物体(車やドローン等)に搭載されるため、小型化・軽量化も重要である。価格低減と軽量化はレンズ枚数を削減することによって達成できる。

このためには従来のシリコンやゲルマニュウムレンズ球面研磨加工のみでなく、当社の独自技術であるPGM(精密ガラス成形)製造技術の応用としてカルコゲナイドガラスを用いた、非球面レンズの開発を行っている。

次に試作品について概要を紹介する(**図7**)。

- f＝13mm、Fno1.1(カルコゲナイドガラスレンズを含む複数枚構成)
- 6万画素 赤外線センサ用(17μmピッチ)

カルコゲナイドガラス成形では、φ9mmの非球面レンズにおいて設計値とほぼ同じ形状が得られており(**図8、9**)、本レンズを組み込んだレンズユニットでは**図10**のとおり良好な画像が得られている。

図7　f＝13mmレンズユニット(試作品)

図8　φ9mmカルコゲナイドガラスレンズ
　　　(試作品)

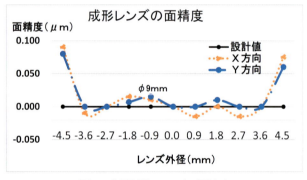

図9　成形試作レンズの面精度

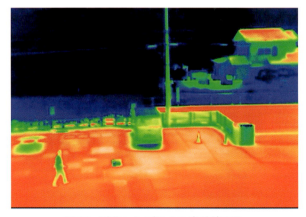

図10　試作レンズによる赤外線画像

京セラオプテック株式会社

これからの課題

　車載用や監視用途など拡大する赤外線カメラ市場に対応するため、コスト面で採用が進む、12μm（ピッチセンサ）カメラ用レンズの量産確立が急務である。

　センサの小型化による赤外線カメラのコストダウンに伴い、レンズを小口径とすることで、コストダウン効果が期待されている。さらにはカルコゲナイドガラスを用いた非球面レンズの採用によって、枚数削減による小型・軽量化と合わせ、低価格製品を実現することができると考えている。

　当社では、12μm（ピッチセンサ）カメラ用としてもカルコゲナイドガラスレンズの試作については問題ないことを確認しているが、量産工程については課題が残っており、お客様の要望に応えるべく生産準備を進めていく。

☆京セラオプテック株式会社
　TEL.0428-74-5111
　E-mail：masakazu.takei.xm@kyocera-optec.jp
　http://www.kyocera-optec.jp/

レンズパッケージ

赤外線コーティング技術

日本真空光学株式会社
製造部　加賀嗣朗／西島拓哉

赤外線領域で利用するために開発された、いくつかの赤外線用フィルタの分光特性例とその用途を紹介する。これらのフィルタは、ニーズに応じて赤外線の反射を低減させたり、選択的に透過させたりできる。赤外センサおよび赤外イメージセンサを含め、多くの赤外光学系に利用されている。

赤外線コーティング技術の特徴

　赤外線領域のコーティングには、一般によく知られている酸化材料の利用は限定される。しかし、可視域で利用できない材料でも、赤外領域では吸収がなく、利用できる場合がある。これは、材料固有の吸収によるものであり、要求される特性を満足するためには、この吸収特性を十分理解した上で基板および膜材料を選択する必要がある。

　当社の赤外線用コーティング技術の開発は、1970年代まで遡る。当時、近赤外から長波長赤外までの広い波長範囲に感度をもつ焦電型素子を人感センサとして利用するために開発された赤外ロングパスフィルタ（以下、IR-LPF）が最初である。基板にはシリコン（以下、Si）を用い、膜材料には硫化亜鉛（以下、ZnS）とテルル化鉛（以下、PbTe）を採用し、成膜方法として、電子ビーム法と抵抗加熱法を採用していた。その後、輸出品に対する鉛の規制（RoHS指令）の影響でPbTeの利用が制限されたこともあり、1990年頃には、PbTeの代わりにゲルマニウム（以下、Ge）を採用し、電子ビーム法のみによるコーティング技術が開発された。

　当社は、紫外線域から赤外線領域までの広い波長領域において、多くのコーティング製品を手掛けてきた歴史がある。本稿では、当社における開発製品を中心に、現在利用されている赤外線用フィルタおよびその用途について説明する。赤外線の波長区分には明確な定義がないが、ここでは、近赤外（NIR、$0.7〜3\mu m$）、中波長赤外（MWIR、$3〜8\mu m$）、長波長赤外（LWIR、$8〜15\mu m$）とする。

赤外線用フィルタの概要

　本章では、ニーズに応じて開発された赤外用フィルタをいくつか紹介する。

1）ブロッキングフィルタ

　最初に、材料固有の吸収特性を利用した開発例を紹介する。NIR光を利用する場合、可視域の光を除去したいとの要望がよくある。このような場合、赤外域でよく利用される材料であるGeまたはSiの可視域の不透過特性（吸収特性）を利用し、

材料両面に反射防止（以下、AR）膜をコーティングし、利用したい領域の透過性能を向上させることで要望を満足させることができる。材料にGeを利用した開発例を**図1**に示す。NIR光を分光した場合に生じる高次光を除去する場合に利用される。

2）赤外反射防止膜

赤外領域では基板材料としてGeとSiがよく利用される。これは、可視域では不透過であるが赤外域で吸収がほとんどないことが理由である。しかし、これらの材料は非常に屈折率が高く（各々、$n=4.0$、$n=3.4$）、素材のままでは反射による損失が多く十分な透過性能が得られない（計算透過率、Ge：47%、Si：54%）。これを解決するためにいくつかのAR膜が開発されている。赤外領域には、大気の影響が少ない「大気の窓」と呼ばれる透過率が高い領域があり、その領域で高い透過性能が得られる2種類の開発例を紹介する。1つはLWIR領域ともう1つはMWIR領域で利用されるARで、各々**図2**と**図3**に特性を示す。赤外線イメージセンサを含め、多くの赤外光学系で利用されている。

最近では、前記基板材料のほかに焼結ZnSやカルコゲナイドガラスと呼ばれる材料が開発されており、安価でかつ成形しやすい利点があり注目されている。これらの材料へのARも開発されており、材料メーカから報告されている。

3）DLC膜

ほとんどのセンサは屋外で利用され耐環境性が要求されているが、フィルタも同様である。この要求に対し、高い耐環境性（硬度、耐摩耗性、耐腐食性等）に優れたコーティングが開発されている。ダイヤモンドライクカーボン（Diamond Like Carbon／以下、DLC）膜と言われ、従来、切削工具の寿命を改善するための表面処理技術の1つであったが、その赤外透過性能が改善されたことで光学的にも利用できるようになった。DLC膜のもつ屈折率は2～2.4であることから、基板材料であるGeやSiの理論上の反射防止屈折率に近く、ARコーティング材料としても利用される。一般的に光学フィルタはPVD法（物理的蒸着法）を利用しているが、このDLC膜はCVD法（化学的蒸着法）やスパッタリング法を用いる場合もある。環境性

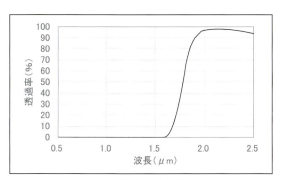

図1　2～2.5μm付近の近赤外光を利用するBlocking filter（Ge基板）の分光特性例

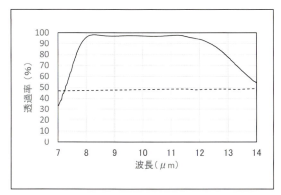

図2　LWIR領域の8～12μmARコーティング（実線）と基板材料（Ge：点線）の分光特性例

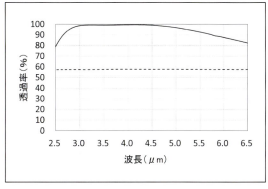

図3　MWIR領域の3～5μmARコーティング（実線）と基板材料（Si：点線）の分光特性例

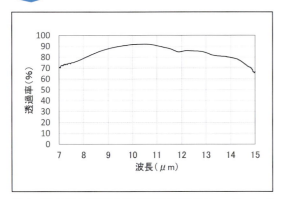

図4　DLC膜と広帯域AR膜の複合型ARコーティングの分光特性例

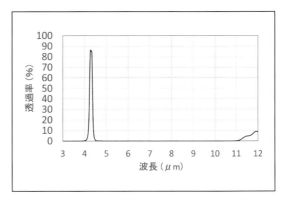

図5　ガスセンサに利用するIR-BPF（CO_2用、中心波長：4.26μm）の分光特性例

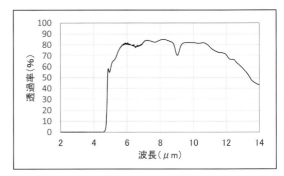

図6　人感センサに利用するIR-LPFの分光特性例

が必要な面にDLC膜を施し、反対面には広帯域ARを施す複合構成とする場合が多い。Ge材料にコートされた複合型AR膜の特性を**図4**に示す。赤外カメラを海岸や高速道路等の過酷な環境で利用する場合、このような複合AR膜を施した赤外窓をもつボックス内にそのカメラを設置し、利用している例がある。

4) ガス検出用フィルタ

赤外領域には様々なガス固有の赤外線吸収波長がある。この固有吸収波長の吸収量を測定することによって成分を高精度で分析できる。この方式を赤外線吸収分析法と呼ぶ。この方式には狭い領域のみを透過させるフィルタが利用されており、これを帯域透過フィルタ（以下、IR-BPF）と呼ぶ。たとえば、二酸化炭素（以下、CO_2）の場合、4.26μmに固有吸収波長をもち、このガスのために**図5**に示すようなIR-BPFが開発されている。基板にはSiが用いられ、測定に不要な固有波長以外の波長領域（可視域から11μm程度まで）を阻止している。前記の焦電型素子と組み合わせることでCO_2用ガスセンサとして利用されている。

5) 人感センサ用フィルタ

絶対零度でない限り、すべての物体からは必ず赤外線が放射されており、その放射量は物体の温度により決まる。たとえば、人間の体温（37℃）からは、およそ9～10μm付近に最大放射量をもつ赤外線が放射されている。この赤外線を効率良く透過させるために開発されたフィルタ（IR-LPF）を**図6**に示す。前記の焦電型素子と組み合わせることで人感センサとして利用されている。

赤外イメージセンサ市場と赤外線用フィルタ

従来、高度な監視システムの心臓部は赤外線カメラであり、長年に渡り水銀カドミウムテルル化合物（以下、MCT）に代表される冷却型と呼ばれるイメージセンサが利用されていた。この冷却型センサは、非常に高感度であるが熱雑音を抑えるために低温に保つ必要があった。MCT素子は、その組成を調整することでLWIR領域およびMWIR領域を含む広い波長領域にその感度を調整することができることから現在最も広く利用されている

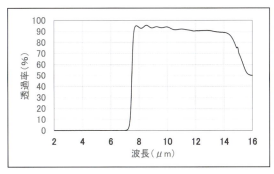

図7　赤外イメージセンサ用に開発された
LWIR-LPFの分光特性例

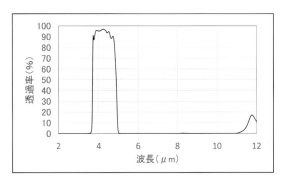

図8　赤外イメージセンサ用に開発された
MWIR-BPFの分光特性例

センサの1つである。大気の窓により利用できる波長帯が限られるが、一般的に監視システムに利用される波長領域はLWIR領域が多い。しかし、対象物の状態によってはMWIR領域でも利用されている。2000年代に入るとマイクロボロメータ技術を利用した室温でも動作する非冷却型イメージセンサが開発され、製造メーカによる小型化・低価格化が進み、夜間の防犯・安全管理、建物診断等の保守点検、医療等へ広く利用できるようになってきた。2010年頃より需要が増加し、今後は車載用途への期待もあり急激な需要増加が予想されている。

　人体からの放射を捉えるために人感センサ用として前述のIR-LPFが利用されていたが、赤外イメージセンサで要求されるフィルタ性能は、阻止領域を広げ、8μm付近から広くかつ高い透過率領域をもち、さらに冷却型では低温で性能が維持できるものであった。この要求を満足させるために、**図7**に示すようなLWIR-LPFが開発された。また、MWIR領域で利用される赤外イメージセンサのためには**図8**で示すようなMWIR-BPFが開発された。

多い。たとえば、波長が異なる赤外イメージ情報を利用する（デュアルバンド機能）ことで新たな効果が報告されていることから、LWIR領域とMWIR領域、またはMWIRとNIR領域を網羅するARコーティングの必要性が予想される。また、従来、輸送中やプラント内におけるガス漏れはその有無の検知が重要であったが、その漏れをイメージとして得られることでガス漏れ箇所の特定ができ、迅速な対応に繋がるだろう。そのための適切なIR-BPF或いは新設計のフィルタの必要性が予想される。

　赤外線コーティング技術について、いくつかの赤外線フィルタの開発例と用途を説明した。長年に渡る経験と技術に基づき開発された赤外線フィルタは、赤外センサ、赤外イメージセンサ等が求める高いニーズを満たしてきた。今後、高い成長が見込まれる赤外線イメージセンサ市場の新たなニーズに対応するために、工程および品質の改善、新技術の導入、センサメーカとの開発協力等を行うことで赤外線コーティング技術の成長に貢献したい。

今後の赤外線コーティング技術の動向とまとめ

　今後の赤外線コーティング技術の動向は、赤外線イメージセンサの利用方法に左右される部分が

☆日本真空光学株式会社
TEL. 03-3218-7998
E-mail：info@ocj.co.jp
http://www.ocj.co.jp/

レンズパッケージ

プラスチック材料を用いた赤外線用透過レンズと反射光学系

ナルックス株式会社

田邉靖弘

遠赤外線カメラは非常に高価な設備であったが、センサメーカの技術革新により低価格化が加速している。今後、さらに多くのアプリケーションに対して身近なデバイスとするためには、レンズ部分の低価格化を進める必要がある。
ナルックスは、自由曲面、微細構造を用いた樹脂の光学レンズ／ミラーの光学設計から製造まで行ってきた実績を活かし、高い量産性をもつ遠赤外線用光学素子の提案を進めている。

はじめに

　遠赤外線カメラは、人体や車体など物体から放射される遠赤外線を検出し、画像として出力するカメラのことである。かねてから、遠赤外線カメラのアプリケーションは多分野で有望とされてきたが、近年ではIoTをはじめ、先進運転支援システム（ADAS）に用いるセンサとしても有望視されている。しかし、価格と量産性の課題が市場創成において大きな障壁となってきた。
　昨今、多くの市場にて採用が進んでいる要因としては、遠赤外線カメラの低価格化の要素が大きい。遠赤外線カメラの価格に占める割合はセンサ部が最も大きく、センサの狭ピッチ化により低価格化が進んでいる。まさしくコアとなる部材が低価格傾向にあるので、遠赤外線カメラ全体としても低価格化している状況であるが、センサの狭ピッ

チ化は回折限界に収束し、低価格化のスピードは近い将来には鈍化することが予測される。
　また、光学機能を担うレンズも、カメラの価格全体に占める割合は少なくない。しかし、原材料がゲルマニウムなどのレアメタルが主であり、インゴットの精製やレンズ形状加工に特殊な手法が必要などの理由により、低価格化がなかなか進まない。
　以上の予測をふまえ、遠赤外線カメラの今後の市場拡大を狙うには、「レンズ部の低価格化」が不可欠であると考え、本開発を行った。

遠赤外線透過型樹脂レンズ

　遠赤外線カメラと同様の波長を用いる焦電センサには10年以上前から樹脂レンズが用いられている。遠赤外線を透過する特性をもつ本樹脂を使

用すれば撮像レンズとして活用できると仮定し、開発に着手した。

樹脂撮像レンズに求められる特性は、「(1)明るさ」、「(2)高解像度」、「(3)量産性」である。

1) 明るさ

明るさには、「硝材としての明るさ」と「レンズ設計としての明るさ」があり、その双方が重要となる。

「硝材としての明るさ」は、光の透過率のことである。入射した光が減衰せずに出射する硝材が透過率の高い、明るい硝材となる。ゲルマニウムなど遠赤外線用レンズに多く用いられる硝材は、表面での減衰は生じるが、硝材内部での減衰は生じない。一方、樹脂の場合には、表面での減衰は非常に少ないが、硝材の内部では吸収による減衰が生じてしまう。

また、硝材が厚いほど吸収は大きくなり、薄いほど吸収は少なくなるため、硝材の薄い光学設計をすることにより、透過率の高いレンズとすることができる。

次に、「レンズ設計としての明るさ」については、レンズなど光学素子の明るさの指標のひとつとしてFナンバー(以下、F#とする)がある。F#は光の利用効率を示し、以下の式により計算することができる(F#は数値が小さいほど明るい)。

$$F\# = (n-1) \times C \div D$$

$F\#$:光利用効率、f:焦点距離、D:口径(入射瞳径)、n:屈折率、C:レンズ曲率

樹脂の屈折率nはゲルマニウムレンズやシリコンレンズに対して半分以下の値となるため、同じF#、同じ口径Dを得る場合には、レンズ曲率Cを高くする必要がある(**図1**)。

より「明るい」レンズとするには、透過率と光利用効率F#の双方に対して厚さを最適化する設計を行った。

2) 高解像度

一般的に高解像度なレンズとするためには、厚いレンズを用いてレンズ効果をもたせ、曲率や硝材の異なる複数枚のレンズを用いて様々な収差を抑制する手法となるが、前述したように樹脂の層が厚くなると透過率が低下してしまうため、さらなるアプローチが必要となる。

レンズ効果を変えない状態でレンズを薄くする手法として、フレネルレンズ化がある。これにより、レンズのもつ効果を維持した状態で薄いレンズとすることが可能となる。(**図2**)特に、樹脂内部による吸収が性能に影響する今回の場合には、さらに有効な手法となる。

また、通常では複数枚の球面レンズに振り分けていた収差抑制機能を単一のレンズに付与するために、非球面フレネル形状を採用した高解像のレンズ設計を行った。

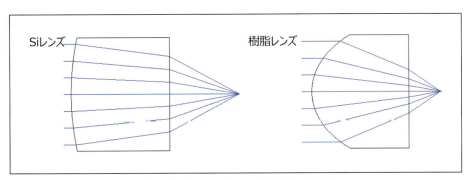

図1　シリコンレンズと樹脂レンズ比較

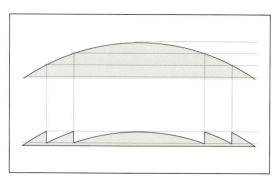

図2 フレネルレンズ化

図3 非球面フレネルレンズ CADモデル

図4 製作レンズによる遠赤外線画像

3) 量産性

　樹脂レンズがゲルマニウムなどのレンズに比して低価格化が可能となるのは、レンズ形状の製造方法にある。レンズ形状を凹凸反転させた鏡面金型に溶融樹脂を転写させる成形加工手法を用いることで、一度の成形工程により入射面と出射面の両面を鏡面レンズとして仕上げることができる上、成形加工時間も短時間となるため、低価格化を実現できる。

　材料についても入手が容易であり、レアメタルとなる材質と比較するとインゴットの安定的な供給にかかる懸念、加工法の制約事項がないため、ユーザにおいても長期間供給においても量産性の高い手法と言える。

　上記にて紹介した要素を配慮し、F#1.5以下、1枚構成の非球面フレネルレンズを設計・製作し（**図3**）、**図4**に示すレベルの設計値同等の解像感を得ることができた。

　その他、樹脂レンズの付加価値としては、本アプリケーションが遠赤外線用途であることから、表面にテクスチャを適用、染料により着色するなど意匠性をもたせたレンズとすることも可能となる。

遠赤外線樹脂反射光学系

　透過と屈折を用いる透過型の光学素子の場合には、硝材の種類により屈折率や透過率の制約を受けるが、反射光学系においては、光学表面に反射コートを施すことで、基材の材質は設計上影響を受けない。つまり、前述した遠赤外線透過レアメ

タルや遠赤外線透過樹脂などを使用する必要はなく、より汎用的な樹脂材料を使用できるメリットがある。

樹脂反射光学系に求められる特性は、樹脂透過型レンズ同様に、「明るさ」、「高解像度」、「量産性」となる。

1）明るさ

透過型レンズの項において、透過率を主要パラメータと述べたが、反射光学系の場合にはレンズにおける透過率に相当する指標は反射率となる。各波長に対する反射率は、反射膜の材料により異なるが、反射率の高い膜材料を採用することで明るさを向上させることが可能となる。

基材の光学特性は問われないことから、調達性・成形加工性・コストを優先した材料の選定が可能となる。光学設計においては透過型同様に、光利用効率F#の最適化を行った。

2）高解像度

より高解像度の光学素子を目指し、光学設計の自由度の高い自由曲面ミラーを複数枚使用し、収差の少ない解像度の高い設計を目指した。自由曲面形状とすることにより、軸対称ではない収差に対して対処できることや、構成枚数を少なくし、重量・スペース的にコンパクト化できるという大きなメリットもある。

3）量産性

樹脂反射光学系も、樹脂透過型レンズと同様に、量産成形することが可能となる。基材材料については、反射膜との密着性を優先した樹脂の選択を行うことができる。反射膜の材質は、反射率・コスト・アプリケーションの優先度を考慮し自由に選択できる。

上記にて紹介した要素に配慮して設計することにより、自由曲面ミラーを3枚使用し、F#1.3以下、焦点距離24mm、光学素子としての透過率94％以上（ミラー1枚の反射率98％、3枚反射時の値）となる反射光学系（**図5**）を製作し、**図6**に示すイメージを得ることができた。

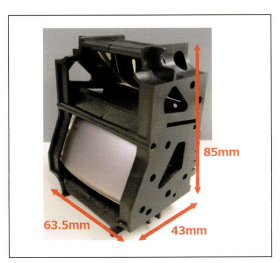

図5　反射光学系 外観写真

図6　反射光学系による遠赤外線撮影画像

反射光学系の特徴として、表面反射を利用していることから、基材を薄くすることが可能で、基材自体も比重の低い樹脂であることから、光学系自体を軽量にすることができる。

特に、長焦点化した場合には光学系が大きく、重くなるが、本設計では樹脂特有の比重の低さ、反射面以外を空洞とする構造をとることができるため、ゲルマニウムを採用している現行の重量感の大きなカメラから大幅に軽量化に貢献できる。

また、表面反射を使用した光学素子の場合、結像性能の波長依存性がないということも特徴である。したがって、紫外線、可視光、近赤外線、遠赤外線、ミリ波など幅広い範囲の波長のアプリケーションに対して共用化可能な素子となる。

まとめ

遠赤外線用光学素子といえばゲルマニウムやカルコゲナイドというメインストリームの中で、量産性と価格メリットの大きな樹脂透過型レンズと樹脂反射光学系としてアプリケーションによっては十分使用可能なレベルまで開発できた。

樹脂成形が可能であることを活かした大量生産が重要となるアプリケーションに採用され、市場の活況を呈することができれば幸いである。

☆ナルックス株式会社
　TEL. 075-963-3456
　E-mail：tanabe@nalux.co.jp/
　http://www.nalux.co.jp/

レンズパッケージ

大型ミラーの製造ー課題

Ophir Optics

R＆Dエンジニアリングディレクター兼CTO　Dr.Nissim Asida
物理学者　Eliyahu Bender
上級光学エンジニア　David Alexander

大型ミラーは、長距離用マルチスペクトル光学システムの重要な要素であり、多種多様で重要な応用に採用されている。高性能の大型ミラーを製造するために、光学製造業者は厳しい要求条件を満たすという課題に取り組んでいる。これらの要件を満たすためには、様々な技術的および工学的ソリューションを採用する必要がある。

背景

長距離用マルチスペクトル光学系には大きなミラーが不可欠であり、かつ重要な役割を果たす。大型ミラーは、球面から非球面、放物面、自由曲面など、様々な形状が得られる。それらのミラーは、アルミニウム（Al）、シリコン（Si）、ゲルマニウム（Ge）、および銅（Cu）などの材料から製造することで、可視光線、UV光線、赤外線等、広範囲の波長で使用が可能である。

マルチスペクトルアプリケーションの性質上、大きなミラーは広い波長範囲にわたって高い品質レベルで動作する必要がある。これは、特に可視光線を使用する前提で、光の散乱を防ぐために、ミラーの表面粗さを40ÅRMS未満に仕上げる必要があることを意味する。さらに、検出器の分解能が高まるにつれて、ますます正確な表面を有するミラーの需要が高まっている。要求される厳しい仕様を満たすために、光学メーカは最先端の光学設計と製造技術を採用しなければならない。

ソリューション（技術およびエンジニアリング情報）

1）光学設計

ミラーの表面形状がシステムの性能に影響を及ぼす単純な例として、全反射設計であるFナンバーが3.4の古典的な反射型望遠鏡のデザインで説明する（**図1**）。

このタイプの反射システムは、実効焦点距離（EFL）と物理的長さとの比が大きい場合に最も有利である。この例では、EFLは1,000mmだが、光学系の物理的長さは200mmである。このような5：1の比率の構成は、屈折型システムでは実現困難である。

レンズパッケージ

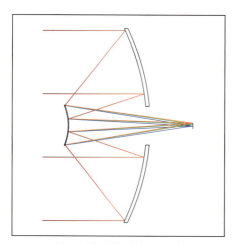

図1　反射型望遠鏡の光路

　このシステムのMTFは波長500nmで100本／mm(l/mm)時に0.7と回折限界に相当する。全反射光学系でEFLとレンズ長が5：1の比では、像面湾曲は急峻であり、オフアクシスの視野位置で著しい非点、収差が存在すると考えるのは当然である。これは、**図2**のMTFプロットで見ることができる。**図2**では、0.25°フィールドでの性能が大幅に低下している。これは、わかりやすい例としての説明のためのものであり、実用的な設計ではない。

　一般に、フィールドを平坦化するために屈折(透過型)素子が必要である。古典的な解決法は、一次ミラーの前で二次ミラーとほぼ同じ軸方向に配置されるシュミット補正板である。あるいは、副鏡と被写体イメージとの間の屈折素子は同時に視野を修正し、EFLを変更することができる。このシステムにおける屈折素子の欠点は、波長スペクトルを制限し、色収差が発生することである。

　反射素子の表面形状は、高解像度システムにとって非常に重要である。反射素子における表面のイレギュラリィティによって引き起こされる波面誤差の量は、屈折素子における同様のイレギュラリィティによって引き起こされる誤差の2倍以上である。表面の不規則性とイメージング解像度性能との関係をモデル化するために、以下ゼルニケ多項式11項を主鏡に適用する。

$$\sqrt{5}(6\rho^4 - 6\rho^2 + 1)$$

　次に、5つの代表的なケースについて、中心視野のMTFをRMS誤差(イレギュラリィティ)に対してプロットする(**図3**)。0.02μというわずかなRMS誤差は、高分解能の可視光システムにおいて

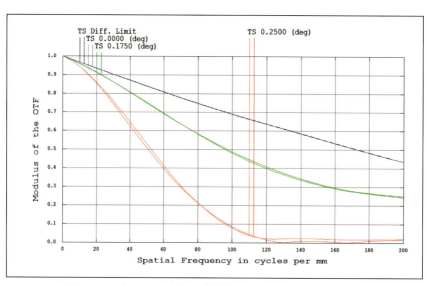

図2　MTFプロットは軸外の視野位置での非点収差を示している

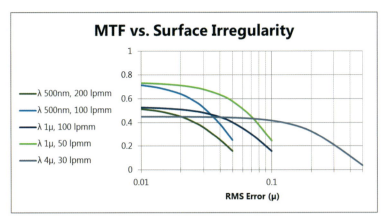

図3 フィールド中央部のMTF VS. RMS誤差の5つの代表的なケース

重要である。これはλ＝633nmのテスト波長で0.03λRMSに相当する。しかし、4μm波長領域のMWIRシステムでは、分解能の回折限界がはるかに低いため、0.1μという粗いRMS誤差が許容される。

2）ミラーの製造

大きくかつ高精度、これが現在のミラー製造に対する要求である。特にダイヤモンド旋盤加工されたアルミミラーの場合、材料の選択がきわめて重要である。マルチスペクトルアプリケーションには、独自のスーパーアルミニウム合金であるRSA 6061の利用をお勧めする。この材料は、従来のAl6061では達成できない高い品質の表面粗さを可能にする。通常、高品質の粗さはIRシステムでは大きなメリットはないが、可視およびSWIRアプリケーションでは表面粗さの品質が高くなることは重要である。RSA 6061には、従来のAl 6061より付加価値がある材料といえる。

設計に当たっての別の重要な点は、ミラーの背面にストレスなくマウントが可能、ということである。組立時に、ミラーは光学面に応力が滲み出ることを許容してはならない。鏡面付近に取り付け用ネジ穴が存在することで、画像歪みにつながることがある。もちろん、ミラーの製造過程で、切断機械に保持するための十分な表面積もなければならない。

生産環境も、重要な事項である。アルミニウムは、ゲルマニウムのような他のダイヤモンド加工材料と比較して比較的高い熱膨張係数（αL＝~26m/m°C）を有する。したがって、生産現場は温度制御され、外乱による振動から隔離されなければならない。

アルミニウム製のミラーを設計する際には、設計者は実に精巧なCNC制御のダイヤモンド旋盤機の恩恵を受ける。これは、要求される機械的寸法の公差を容易に達成することができるというものである。たとえば、**図4**の距離「d」（これは、凹面鏡の中心と平坦な取り付け面との間の距離）は、

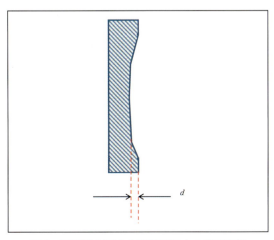

図4 凹面鏡と平らな取付面の中心間の距離

両方の面が同じ工具で生成されるので、数ミクロン以内であっても加工が可能である。このような表面は、高度の平坦性と粗さを含め、精度が高く、組み付け時に大きな誤差を出しにくい。

ミラーのクリーニングは、製造プロセスのもう1つの重要な部分である。一般に、アルミニウムのクリーニングの手順は簡単ではない。その後の工程で行われるテストと製膜のためのミラー表面の処理は、不可欠なのである。ダイヤモンド旋盤機加工が終了した直後に、すべてのミラーを徹底的に慎重に洗浄し、汚れを除去する。

おそらく、生産プロセスの最も重要な側面は、正確かつ再現性高く測定する能力である。光学製造メーカは、ミラー表面を測定するための多くの選択肢を持ち合わせていなければならない。歴史的には、放物面鏡が大型ミラーの好ましい形状であり、この特別な円錐形状は自動コリメーション法を用いて容易に測定される。理論的には、放物線自体も低い球面収差の存在を見込んでいる。典型的な自動コリメーションシステムは、市販の干渉計、透過球面オプティクス、および中心に穴のある大きな平面鏡から構成される。そのため、これらのシステムの各構成コンポーネントの固有の収差が累計した誤差を含むことになる。そのため、複雑なキャリブレーションとヌーリングを実行することで、組み込みエラーを補正している。代わりにOphirは、これらの組み込みエラーを減らすために精密な透過型非球面形状のFizeauを使用している。オートコリメーションシステムの別の欠点は、曲率半径の測定が難しいということである。このことは、特に中心のない鏡の測定では増長される。

近年、デザインが純粋な放物線から、複雑で様々な形状の非球面の採用にシフトしている。したがって、光学部品メーカには、幅広い種類の非球面ミラーを測定するための多彩なツールが装備されていなければならない。Zygo VFA Asphereを使用すると、大半の大型非球面ミラーを正確に測定することができる。センターをもたないミラーを測定する場合、Zygo VFAは擬似的に中心を作るプラグを必要とする。これにより、方程式にさらに不確定要素が加わる。それにもかかわらず、高い精度と高い再現性で曲率半径を測定することができる。

非常に厳しい要求に対しては、CGH（Computer Generated Hologram）およびDFNL（Diffractive Fizeau Null Lens）を利用している。これらの測定法は、非球面ミラーを極めて容易にかつ正確に測定することを可能にした。さらに、曲率半径と表面のイレギュラリィティを同時に測定するという機能をも拡張することができる。DFNLはF値が1以上の表面の測定において、他の非球面測定方法に比べて明確に有利な点は、DFNL自体が測定該当非球面をチェックするためだけにCGHで作られたコンポーネントであるということだ。

オペレータは干渉出力データを使用してフィードバック補正プログラムを作成することができる。これらの操作は、どの程度の精度を目指されるかによるが不可欠である。この「測定補正」機能は、測定プロセスの精度や不確かさと同程度にしかならない。一般に、測定補正機能は対称誤差のみを補正している。このため、取り付け応力や熱問題などの非対称な問題を修正することはできない。

図5は、Φ190mmアルミニウムミラーの測定結果である。弊社の高度なツールと装置を使用して達成された球面収差の測定結果は0.02λRMS未満とあまりよくない。この原因はコーティングプロセスにあると考える。コーティングプロセスは収差を低下させる可能性があることを理解し、そのような影響を事前に設計時の計算で考慮する必要がある（**図6**、**7**）。

技術的な問題

大きなミラー面積を有する長焦点、マルチスペクトル特性の光学システムの製造は、光学部品製

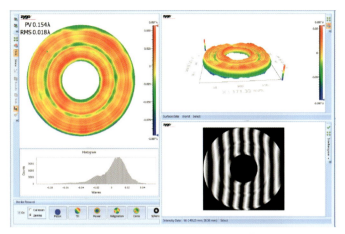

図5 Φ190mmアルミ製ミラーの測定結果

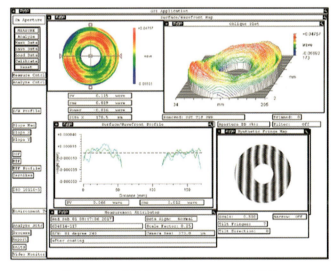

図6 中央の不明瞭さを有する主鏡の干渉縞
測定された表面誤差：λ＝0.633nmで0.115λP-V、0.019λRMS

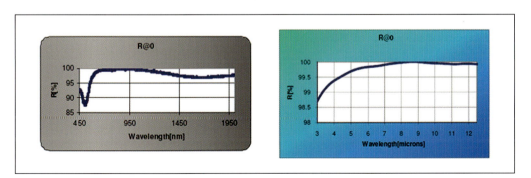

図7 アルミニウム基板上の広帯域保護銀コーティングのスペクトル性能

造メーカに大きな試練を与える。これらのミラーは、球面、非球面、放物面、自由曲面のいずれの場合でも、表面形状にたいして非常に高いレベルの精度が要求される。HeNe光で0.2フリンジ程度の公差要件は珍しくない。オフアクシスの光学部品は、システム中であいまいな中心は許されない。これらのオフアクシスミラーは、ミラー製造、試験、およびシステム組立の点でかなり敷居が高いといえる。

設計から製造まで、これらのミラーが期待される高い基準を確実に満たすために徹底的な検査とテストを行い、製造プロセス全体を通して品質を維持することが重要である。

応用

大型ミラーを備えた光学システムは、防衛用途、監視およびモニタリングならびに特定の商業用途に使用される。大型ミラーの最も典型的な用途は、航空宇宙産業、衛星、望遠鏡である。UAV（無人飛行機）、航空機、宇宙飛行の光学システムには、大型ミラーが使用されている。これはすべて、軽量でコンパクトなサイズの要件に対応しなければならない応用である。このような用途では、小型のカメラシステムのために、現在、多素子を採用している光学システムから置き換える目的で、軽量でかつ高い非球面性のミラーの要求がある。

反射型システムは一般的に焦点距離が長く、数十キロメートル先の長距離を監視する応用に使われる。反射望遠鏡では、高解像度の画像を生成するため、1つまたは複数の軸のシュワルツチルド型またはオフアクシスのミラーを使用している。多くの望遠鏡は、大きなミラーを使用する他の光学系と同様に、レンズと曲面ミラーを組み合わせた反射屈折システムである。これによりエラー訂正が最大化され、より広い視野が得られる。

製品情報とプロモーション

Ophirで蓄積されたノウハウを活かした設計・製造技術により、大きなミラーを業界の要求に見合う精度で提供が可能である。

オフィールでは、オンアクシスでもオフアクシスでも、直径700mmまでの球面、非球面、放物面、自由形状のミラーを製造するために、高度なCNC研削と研磨とダイヤモンド旋盤を使用している。当社の大型ミラーは、半径公差が0.05%、イレギュラリィティが0.633μm波長測定で0.5フリンジ未満(PV)、0.1フリンジ未満(RMS)、粗さが40ÅRMS未満であり、高精度と低散乱を実現している。スペクトル性能および表面耐久性の要望により、いくつかの反射コーティングが提案可能である。

設計から製造までのOphirのターンキーソリューションは、当社のミラーが期待される高い基準を確実に満たすための徹底した検査とテストにより、製造プロセス全体を通して品質を維持している。

まとめ

光学設計段階から製造プロセス全体にわたって継続するマルチスペクトルアプリケーション用の大型ミラーの製造には、数多くの課題がある。Ophirは高度な技術、設計と製造のノウハウを採用し、それらのミラーを設計、製造し、高性能アプリケーション用の高精度ミラーを製作している。

☆株式会社オフィールジャパン
オプティクス部
TEL.048-650-9966
E-mail：optics@ophirjapan.co.jp
http://www.ophiropt.com/jp

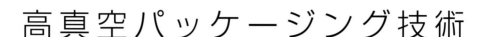

高真空パッケージング技術

京セラ株式会社

森　隆二

われわれの身近にある物体は、それ自身の温度により遠赤外線を放出している。その遠赤外線を捉えることで、自動車業界では夜間の人体検知、オフィスビルや公共施設などでは防犯を目的とした監視可能なシステムへの展開を進めている。このシステムの遠赤外線カメラには、デバイスを高真空状態で保持するパッケージが必要である。
京セラでは以前より気密封止を必要とするデバイスのパッケージを量産しており、その技術を応用して実現した真空度1Pa未満の高真空封止技術を紹介する。

赤外線イメージングセンサの概要と熱型MEMSセンサの真空封止が必要な理由

赤外線イメージングセンサは大きく、冷却タイプと非冷却タイプの2つに分類できる。

冷却タイプの主流である量子型センサは、光エネルギーによって起こる電気現象を検知するものであり、赤外線域に感度があり、狭いバンドギャップをもつフォトダイオードやフォトトランジスタ、フォトICなどが用いられる。量子型センサは、高感度・応答速度が速いため、研究・分析用途や宇宙用途で使用されているが、使用時には冷却する必要があるため、冷却機が必要な高価なセンサである。

一方、非冷却タイプの主流である熱型MEMSは、センサ部（熱型赤外線検出部）にMEMS（Micro-Electro-Mechanical-System）技術を用いた熱型センサである。熱型MEMSセンサは、受光した赤外線によってセンサ部が温められ、素子温度が上昇することで生じる電気的性質の変化を検知するものである。非冷却型センサは冷却機が不要なため、それまで主流であった量子型センサ（冷却タイプ）よりも劇的に小型になり、それまで適用が不可能であった分野へも使われるようになった。近年のMEMS加工技術の進歩により、画素サイズを12μm以下へ微細化することが可能となり、さらなる小型化、ローコスト化への可能性が見えてきた。

熱型MEMSセンサの周辺気体による熱の伝わりを**図1**に示す。熱型MEMSセンサは、センサ部周辺に気体があるとMEMS画素が遠赤外線を感知した際、周辺の気体分子へ伝熱することで隣接する画素に伝わり、感度のばらつきが生じてしまう。そのため、画素間の熱伝搬をなくし、高感度なセンサを得るためには高真空状態での気密封止が必要である。

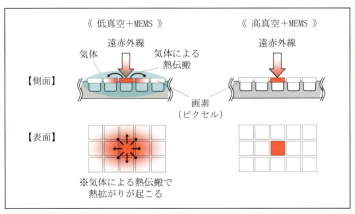

図1　熱型MEMSセンサの周辺気体による熱の伝わり

真空封止パッケージコンセプト

京セラは、以前から業界に先駆けて、半導体デバイスや水晶振動子、SAWデバイス等の気密封止を必要とするデバイス用パッケージを量産しており、その実績と信頼性の高さは広く認知されている。

われわれは、真空度1Pa未満の真空封止パッケージの市場要求に対しても、独自の封止技術を開発しており、今回、小型、低コストに対応した真空封止パッケージコンセプトの内容について紹介する。

従来の代表的な真空封止のセラミックパッケージの構造を図2に示す。ピン端子付のセラミックパッケージに真空引きの金属パイプが備わっており、リボン状の加熱式ゲッターが搭載され、赤外線透過のシリコンリッドが金属枠を介してパッケージに取り付けられている。

真空封止方法は、パッケージ内部のガスを金属パイプから排気して高真空にし、金属パイプを封じることで気密封止した後、加熱式ゲッターに通電して活性化することで、パッケージ内部の微小な残留ガスを吸着し、高真空状態を保持する方法である。しかしながら、この従来技術では高真空封止は達成できるものの、パッケージ部品点数が多く、キャップ封止とゲッター活性のそれぞれの工程が必要であるため高コスト化の一因となっていた。

そこで京セラは、図3に示す表面実装型パッケージコンセプトを開発した。このパッケージコンセプトは、リフロー対応が可能な封止材を選定する

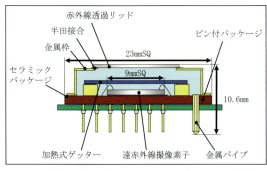

図2　従来の代表的なセラミックパッケージ構造

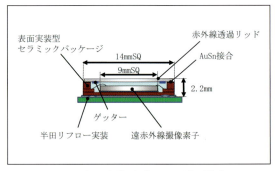

図3　表面実装型パッケージの構造

とともに、透過窓部の金属枠を不要にしたパッケージとシリコンリッドの直接接合により小型化、且つ、部品点数を減らしたシンプルな構造であり、シリコンリッドの封止工程でゲッター活性も同時に行うため、従来品より低コストで簡略化した実装プロセスが実現できる。

高真空の封止を実現するパッケージング要素技術

京セラでは、高真空の封止を実現するために、以下の要点に主眼を置き開発を行った。

要点の1点目は、半田リフロー対応の表面実装型パッケージの確立である。特に民生用などには、量産対応可能な低コストコンセプトが必要であるが、それには表面実装型でリフロー可能なパッケージが適していると考える。しかしながら、二次実装を考慮してリフロー加熱に対応するために、真空封止材料は金(Au)-錫(Sn)ロウ材を選定したが、ロウ材に含まれる金が、リッド材料のシリコンと置換型拡散を起こすことで脆弱層を形成し、封止信頼性の劣化を招くことがわかった。また、部品点数を減らしたシンプルな構造であるセラミックパッケージとシリコンリッドの直接接合を行うコンセプトは、温度変化による熱膨張の差で接合部分が破損した。そこで、今回、バリア層構造の工夫で金の拡散を抑制するとともに、接合部分が破損しないパッケージサイズの見極めを行うことで、9mm角のセンサチップがぎりぎり収まる14mm角のパッケージサイズを見出した。

2点目は、真空封止した後のパッケージ内の真空度測定技術の確立である。本開発最大の課題の1つであるパッケージ内の真空度測定技術については、非破壊かつパッケージ内の微小領域測定が可能な技術が必要である。パッケージ内の真空度を正確に測定するために、赤外線センサ研究の第一人者である立命館大学の木股雅章教授の指導を仰ぎ、教授が開発したマイクロ真空計を用いることで実現した。構造を**図4**に示すが、0.8mm角のシリコン上に、MEMS技術により、中空状態に加工された浮遊構造体に、ヒーターと熱電対が対向して配置されたものである。

測定原理は、高真空状態において、ヒーターの熱が浮遊構造体を通じて、熱電対に伝わる際の損失を測定することで、損失に比例する真空の度合いが求められる。具体的には、真空度が低下すると浮遊構造体周囲の気体分子量が増加し、その結果、熱損失が発生することで、熱電対への伝熱量が減少する特性を利用したものである。この真空計を用いたことで、正確な真空度の測定が可能となり、高真空度の表面実装型パッケージの封止技術が大きく前進した。

3点目は、真空状態における封止加熱時の伝熱機構の確立である。パッケージなどの対象物への加熱を考えた際、封止チャンバー内は真空状態であるため、一般的な雰囲気炉のような気体分子による伝熱は期待できない。このため、ヒーターからの輻射熱や治具の輻射・熱伝導を効果的に利用することにより、精度の高い温度制御が可能となるプロセスを構築し、最適な封止条件を見出すことができた。

4点目は、量産適用可能なプロセス設計であり、多数個一括封止が可能な真空封止装置の開発である。実装コストを下げるためには、生産性の高い真空封止プロセスを実現する装置が重要と考え、

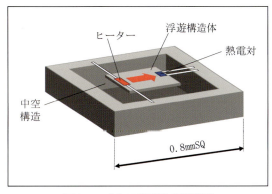

図4 マイクロ真空計の構造図

レンズパッケージ

写真1　高真空連続封止装置

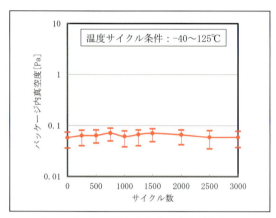

図5　パッケージ内真空度の安定性評価-1

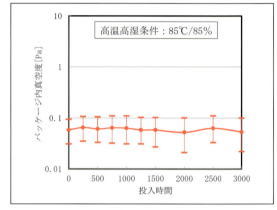

図6　パッケージ内真空度の安定性評価-2

自社内での装置開発に取り組んだ。**写真1**は、開発した高真空連続封止装置で、量産機開発に向けて十分な基礎データの収集ができた。

真空封止されたパッケージの封止信頼性について、**図5**は－40～125℃条件の温度サイクル、**図6**に85℃/85%条件の高温高湿の評価データを示す。封止性の合否判断基準は、先に述べたマイクロ真空計を用いた測定による真空度（1Pa未満）とした。

結果、温度サイクルは3,000サイクル後、高温高湿は3,000Hr後も良好な値を得ている。

おわりに

赤外線イメージングセンサの応用が民生市場へも展開され始めており、市場拡大が期待されている。

しかし、これまでのパッケージや真空封止方法ではコスト面、および、量産化の面で対応が難しいと考える。その1つの解として京セラは表面実装型パッケージの真空封止技術の開発を行った。

今後も京セラは、その市場が早期に開花するための一翼を担うべく、後押しするためにも、本稿で記した真空封止技術を含め真空封止用パッケージ、および、高真空パッケージング技術で貢献していきたいと考える。

☆京セラ株式会社
TEL. 075-604-3414
E-mail：kobun.eguchi.ke@kyocera.jp
https://www.kyocera.co.jp/

待望のシリーズ第3弾！

光と光の記録 [レンズ編]

安藤 幸司 著

好評発売中

- 1章　レンズの種類
- 2章　レンズの機能─光を集める作用
- 3章　レンズの機能─絞りと集光ボケ
- 4章　レンズの機能─結像作用
- 5章　レンズ設計と収差
- 6章　写真レンズの歴史
- 7章　レンズの解像力
- 8章　レンズの応用
- 9章　光ファイバ
- 10章　テレセントリック光学系
- 11章　索引

定価 3,000 円 + 税

ウェブサイトよりご購入いただけます

| 映像情報 | 検索 | **www.eizojoho.co.jp**

産業開発機構株式会社　〒111-0053 東京都台東区浅草橋2-2-10 カナレビル
TEL: 03-3861-7051　FAX: 03-5687-7744　E-mail: sales@eizojoho.co.jp

製品紹介

USB3.0/2.0 InGaAs/CMOS/近赤外線カメラシリーズ

【用途例】
- 半導体裏面解析・生物、顕微鏡解析・レーザー光解析・農産品品質解析
- 水分や水蒸気の検出・太陽光発電所監視とパネル検査が可能

【機種別仕様】
- ■USB2.0 InGaAsカメラ 波長帯域900～1,700nm
  - ARTCAM-031TNIR…32万(640×512)画素、27fps
  - ARTCAM-008TNIR…8万(320×256)画素、90fps
- ■USB2.0 InGaAsカメラ 波長帯域950～1,700nm
  - ARTCAM-0016TNIR…1.6万(128×128)画素、258fps
- ■USB3.0 InGaAsカメラ 波長帯域950～1,700nm<オプションCLink>
  - ARTCAM-032TNIR…32万(640×512)画素、62fps
  - ARTCAM-009TNIR…8万(320×256)画素、228fps
- ■USB2.0 近赤外線ブラックシリコンCMOSカメラ 波長帯域400～1,200nm
  - ARTCAM-130XQE-WOM…130万(1,280×1,024)画素、28.5fps
  - ARTCAM-092XQE-WOM…92万(1,280×720)画素、40fps

株式会社アートレイ
TEL 03-3389-5488 ● E-mail artray@artray.co.jp ● http://www.artray.co.jp/

OEM用SWIRカメラ・モジュール「SWIR imager」

　SCD社製高感度InGaAs検出器(感度波長：0.6～1.7μm、画素：640×480、15μmピッチ)にビデオ・エンジンを搭載し、OEM用として小型・低価格化を実現したカメラ・モジュールをリリースした。これにより顧客のアプリケーションに費用や時間をかけずに導入することが可能になった。カメラ・モジュールには電子クーラーを使わずに画像均一性を補正する機能や、複数の露光時間を画像融合しダイナミックレンジを拡大させる機能などを有することにより、低消費電力でより視認性を高めたアプリケーションへの対応が可能となった。煙や霧を透過する特徴や低照度での優位性を活かし、監視カメラ用途や異物判別などの用途に適応が可能である。

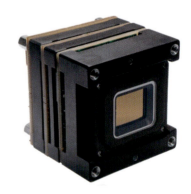

株式会社アイ・アール・システム
TEL 042-400-0373 ● E-mail yamazaki@irsystem.com ● http://www.irsystem.com

Product introduction

赤外線イメージング＆センシング

非破壊撮影による対象物の分光分析を可能にする ハイパースペクトルカメラ「AHS-U20MIR」

ハイパースペクトルカメラではXY座標の2次元空間情報と波長軸のデータ（スペクトル情報）を同時に取得できるカメラです。AHS-U20MIRでは、192画素のラインにて、1,300nm〜2,150nmの波長を9.6nm間隔で分光し、96バンドのスペクトル情報として取得しています。

【主な特徴】
- 撮像素子：InGaAsセンサ 2段電子冷却、
  有効画素数：192H（空間）×96V（分光）、
  画素サイズ：50μm×50μm
- 感度波長：1,300nm〜2,150nm
- 分光解像度：50μm
- 逆線分散分解能：196.1μm/mm
- 波長分解能：9.6nm
- インタフェイス：Gigabit Ethernet（1000BASE-T）
- 撮影方式：ラインセンサ方式
- 映像SN比：50dB
- レンズマウント：Cマウント 1インチ

株式会社アバールデータ
TEL 042-732-1030 ● E-mail sales@avaldata.co.jp ● http://www.avaldata.co.jp

組み込みに最適な小型サーモグラフィ「Xi80/Xi400シリーズ」

Optris社のXiシリーズは、従来のサーモグラフィシリーズよりも低価格で小型になったサーモグラフィです。開発用のSDKも付属しているため、装置への組み込みに最適です。また全ピクセルの温度データを取得するため、詳細な温度解析が必要な研究開発や検査用途でもご活用いただけます。

【主な特長】
- **＜低価格＞** レンズ／ソフトウェア／SDK込みの低価格
- **＜フォーカス遠隔制御＞** ソフトウェア上でフォーカス調整が可能。カメラと被写体の距離が変化する環境でも、サーモグラフィに触れずにフォーカスの再調整ができるので装置組み込みに最適。
- **＜アラーム出力／トリガ入力＞** アラーム出力やトリガ入力に対応しているため、特定の温度以外を検知すると、警告音を発生させたり、他のシステムを動作させたりということも設定次第で可能。
- **＜多機能撮影ソフト＞** 日本語対応でアイコンも多く直観的に操作ができるので、初心者でも簡単に測定エリアを自由に設定、静止画・動画の保存／再生、最大値・最小値の自動追跡などが実現。

株式会社アルゴ
TEL 06-6339-3366 ● E-mail argo@argocorp.com ● https://www.argocorp.com/

製品紹介

赤外線用レンズ

- 温度の非接触計測、夜間での人や動物の観察や監視、車の安全走行に使用される赤外線レンズ。
- シリコンレンズは小口径で赤外線センサ用、本製品については大量生産を実施中。
- 中口径〜大口径のシリコンおよびゲルマニュウムレンズは赤外線カメラ向けの製品。赤外線カメラ用では光学・機構設計の経験豊富。
- 遠赤外線の用途では光学性能評価設備を保有している数少ない企業の1つ。これにより、お客様ニーズへの対応が可能。
- 車載用等の次世代赤外線レンズとしてカルコゲナイドガラスを用いた成形試作を実施中。

京セラオプテック株式会社
TEL 03-6364-5577 ● FAX 03-6364-5578 ● http://www.kyocera-optec.jp/

130万画素マルチスペクトルカメラ

シリオステクノロジーズ社独自のフィルタ技術により8バンドのスペクトルを撮像データから取得することができるカメラです。撮像データは130万画素（1,280×1,024画素）の高解像度で約30nmごとの波長分解能の情報を含んでいます。業界でも最小クラスのカメラ本体は軽量でドローンに載せても負担になりません。

＜特　長＞
- 9色（8つのスペクトルバンド+白黒ブロードバンド）
- FWHM：30nm（平均）
- カメラ本体外形寸法：55×55×22mm
- 重量：59g
- USB出力
- 目的の波長範囲により3機種の中から選択（CMS-C：400〜700nm、CMS-V：550〜850nm、CMS-S：650〜950nm）

＜用　途＞
- カラー計測
- 廃棄物選別
- フルーツ・野菜の様態管理
- 植生指数計測
- 施肥・灌漑のタイミング最適化
- 農業・環境モニタリング
- 侵入者検知
- 認証
- 科学捜査
- レスキュー

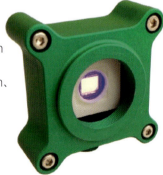

クロニクス株式会社
TEL 03-5322-7191 ● E-mail sales@chronix.co.jp ● http://www.chronix.co.jp/

Product introduction
赤外線イメージング＆センシング

Allied Vision社製ハイスピードInGaAsカメラ Goldeye G/CL-033 TECLESS

Allied Vision社製Goldeye G/CL-033 TECLESSハイスピードInGaAsカメラは、小型(L:78mm×W:55mm×H:55mm)、軽量(370g)、PoE(Power over Ethernet)対応のGigE VisionまたはCameraLinkインタフェイスに対応、VGA解像度(640(H)×512(V)、ピクセルサイズ15μm×15μm)、900nm～1,700nm波長感度をもつ、近赤外線(SWIR)カメラです。フル解像度(640(H)×512(V))で最大300fpsのフレームレートにより、高速撮影を含めた様々なアプリケーション分野に対応します。8～14ビットの出力データビット、外部トリガ、同期など多彩なI/Oコントロール機能、優れたオンボード画像補正機能、Look-up Table(LUT)機能、豊富なレンズマウントオプション(Cマウント、Fマウント、M42マウント)により、システムへ組み込むための時間とコストを節約できます。ビューアソフトウェアおよびソフトウェア開発キットVimba SDKを無償提供します。

デルフトハイテック株式会社
TEL 044-455-0251 ● E-mail sales@dht.co.jp ● http://www.dht.co.jp/

1,200nm対応ブラックシリコン冷却CMOSカメラ「CS-64NIR」

CS-64NIRはシリコン素材のセンサでは困難であった1,200nmまで感度を有する近赤外線に対応したブラックシリコンCMOS搭載の冷却カメラです(1,200nm以上の波長では別シリーズで1.6万画素の低価格な冷却InGaAsカメラもラインナップ)。

従来ではInGaAsカメラを用いていたシリコンウェハや樹脂製品の検査への代用も期待できるので、これらの用途ではカメラの大幅なコスト削減が行えます。

冷却によりセンサ温度を0℃以下まで冷やすことでノイズを低減、さらに温度を一定に管理することで変動する要因であるノイズが一定になるので安定した出力となりデータの信頼性が向上します。

インタフェイスはノートパソコンでも手軽に使えるUSBのダイレクト接続やPCIグラバーボードにも対応。用途により切り替えが行えます。主な特長は次のとおり。

【特長】
- 12bit ・最速43fps ・92万画素(1/2型)
- USB3.0/Matrox社フレームグラバ/BPU-30通信
- MATRAB / LabVIEW / Visual Basic / Visual C# / Visual C++のソフトサンプルが付いたSDKオプション

ビットラン株式会社
TEL 048-554-7471 ● E-mail E-mail:ccd-service1@bitran.co.jp ● http://www.bitran.co.jp/

製品紹介

超高速遠赤外ビジョンパンチルトシステム「RobotEye RELW60」

「RELW60」は、遠赤外線カメラの前に2軸で動く可動ミラーを配置し撮影方向を高速制御可能なシステムです。ミラーを制御することで、超高精細の遠赤外パノラマ画像を得ることができるほか、熱源の追尾などに使用することができます。

株式会社ビュープラス
TEL 03-3514-2772 ● E-mail vpcontact@viewplus.co.jp ● http://www.viewplus.co.jp/

赤外線レンズ用MTF測定装置「YY-300」シリーズ

中～遠赤外波長域における赤外レンズ(結像光学系)の画質を定量的に評価する装置です。

【主な特長】

赤外2次元センサを用いることにより、リアルタイムで画像を確認しながらの測定が可能です。

- 光軸外測定の簡易化等、操作性が向上し効率的かつ安定な測定が可能
- 背景ノイズを電気的に処理することにより明るい部屋での測定が可能
- 拡大リレーレンズを用いることによりナイキスト周波数での測定が可能
- 被検査レンズサイズに合わせたコリメータ等のカスタマイズが可能

各種赤外光学システムの設計、試作も受注いたしております。光学系開発に関するご相談等がありましたらお気軽にお問い合わせください。

株式会社ユーカリ光学研究所
TEL 03-3964-6065 ● E-mail t.abura@nifty.com ● http://yucaly.com/

映像情報インダストリアル — 出版書籍のご案内 —

映像情報 MOOK & 映像情報の本

画像認識の極み "ディープラーニング"
定価 2,000 円 + 税
2017 年 12 月 6 日発行
B5 判

スマート農業バイブル
『見える化』で切り拓く経営&育成改革
定価 2,500 円 + 税
2016 年 10 月 11 日発行
A4 判 142 頁

ウェブサイトよりご購入いただけます
映像情報 検索
www.eizojoho.co.jp

スマート農業のすすめ
次世代農業人【スマートファーマー】の心得
渡邊 智之 著
定価 1,800 円 + 税
2018 年 5 月 7 日発行
A5 判

映像情報インダストリアル
定価 1,400 円 + 税

【月刊】映像情報インダストリアル
定価 1,400 円 + 税 / 月
※2013 年 12 月号以前の映像情報インダストリアルは、1,429 円（税別）/冊となります。
年間購読 16,000 円 + 税 / 年

新 マシンビジョンライティング①
－視覚機能としての照明技術－
増村 茂樹 著
定価 3,500 円 + 税
2017 年 11 月 24 日発行
A5 判 197 頁

［光と光の記録］シリーズ
安藤 幸司 著

光と光の記録 ［光の記録編その 1］
光の入力・変換・撮像
定価 3,000 円 + 税

光と光の記録 ［レンズ編］
定価 3,000 円 + 税

光と光の記録 ［光編その 2］
定価 2,381 円 + 税

増刊号まるまる！シリーズ
定価 1,905 円 + 税

まるまる！ マシンビジョンカメラ入門
ゼロから学ぶ "基礎の基礎"
定価 1,905 円 + 税

まるまる！ THE 3D
観る・創る・撮る
定価 1,905 円 + 税

【お問い合わせ】産業開発機構株式会社　管理部
Email: sales@eizojoho.co.jp
TEL: 03-3861-7051　FAX: 03-5687-7744

スマート農業のすすめ
次世代農業人【スマートファーマー】の心得

日本農業情報システム協会　理事長　**渡邊 智之** 著

【定価】本体 1,800円＋消費税　　Ａ５判

「スマート農業の現在地」と第４次産業革命につながる「これから進むべき方向」とは？

はじめに	5章　匠（たくみ）の知識の形式知化に向けて
1章　日本の農業のめざすべき姿とは	6章　次世代農業を担う人材育成
2章　「スマート農業」の夜明け	7章　フードバリューチェーン外でのニーズ
3章　「スマート農業」普及に向けた政府の取り組み	8章　次世代食・農情報流通基盤（プラットフォーム）【Nober】構築
4章　「スマート農業」が農業を魅力ある職業へ	さいごに

［映像情報 web］
http://www.eizojoho.co.jp/book/smartnougyo.html

こちらで販売中　←［amazon］ https://amzn.to/2GTPtAU

【発行】産業開発機構 株式会社　　TEL：03-3861-7051　　E-mail：indus@eizojoho.co.jp

映像情報 MOOK

スマート農業バイブル
『見える化』で切り拓く経営＆育成改革

amazonランキング
カテゴリ：地域農業
第1位獲得

次世代農業のヒントと最新情報が満載！

ウェブサイトからのお買い求めは・・・

定価 2,500 円＋消費税
送料無料

http://www.eizojoho.co.jp/book/smartagri.html

◆巻頭言
◎「農業ICT革命」
～日本の農業を魅力あるものにするICT利活用とは～
日本農業情報システム協会／理事長 渡辺智之

◆特別インタビュー
◎"見える化"の先を目指して取り組むスマート農業
―経験と勘に頼る農業からの脱却―
農林水産省／大臣官房研究調整官 安岡澄人

◎JA北越後による「スマート農業」への取り組み
JA北越後 営農経済部 集荷販売課 稲作担当／川端麻里
同　お米センター長 兼 農産物販売営業／治田政明

◆環境モニタリングシステム
◆生産管理・記録システム
◆農業機械／ロボット／ドローン
◆製品紹介

就農者の高齢化や後継者不足など、
日本の農業を取り巻く深刻な課題を打開すべく、
ICTや映像・画像技術を駆使した
次世代農業のヒントと最新情報が満載の1冊です。
就農者の方々はもちろん、これから農業を
学ぶ方々にとっても実用的な生産手引きとして
ご活用いただけます。

【お問い合わせ】産業開発機構株式会社
E-mail：sales@eizojoho.co.jp
TEL：03-3861-7051　FAX：03-5687-7744
http://www.eizojoho.co.jp/
〒111-0053 東京都台東区浅草橋2-2-10 カナヱビル

赤外線イメージング&センシング
～センサ・部品から応用システムまで～

発行日	2018（平成30）年7月20日　初版第1刷
発行人	分部 康平
編　集	平栗 裕規　分部 陽介　波並 雅広　加茂 未亜
発行所	産業開発機構株式会社　映像情報編集部
	〒111-0053　東京都台東区浅草橋2-2-10 カナレビル
	TEL：03（3861）7051（代表）　FAX：03（5687）7744
	E-mail：indus@eizojoho.co.jp
	URL：http://www.eizojoho.co.jp/
デザイン・制作	株式会社ジン・アート
印　刷	神谷印刷株式会社
定　価	本体2,500円＋税

※禁無断転載
※本誌に掲載された著作物の複写権・転載権・翻訳権・公衆送信権は当社が保有します。